人工智能与大数据专业群人才培养系列教材

ECharts 数据可视化项目实践

邵辉 著

电子工业出版社·
Publishing House of Electronics Industry
北京·BEIJING

内 容 简 介

本书是一本 Echarts 数据项目实战图书，内容全面，能帮助读者快速成为大数据可视化项目开发高手，实现精美的可视化大屏。本书在实际教学中，深受教师和学生的好评，能有效促进学生的项目开发能力。

本书共 4 个项目：项目一介绍天虎网上超市销售管理系统的开发，项目二介绍水果销售管理系统的开发，项目三介绍浙江新能源汽车服务平台的开发，项目四介绍小紫共享单车运营管理平台的开发。

图书在版编目（CIP）数据

ECharts 数据可视化项目实践 / 邵辉著. —北京：电子工业出版社，2022.1

ISBN 978-7-121-42763-3

Ⅰ. ①E… Ⅱ. ①邵… Ⅲ. ①可视化软件－高等职业教育－教材 Ⅳ. ①TP31

中国版本图书馆 CIP 数据核字（2022）第 014808 号

责任编辑：李　静　　　特约编辑：田学清
印　　刷：大厂回族自治县聚鑫印刷有限责任公司
装　　订：大厂回族自治县聚鑫印刷有限责任公司
出版发行：电子工业出版社
　　　　　北京市海淀区万寿路 173 信箱　　　邮编：100036
开　　本：787×1092　　1/16　　印张：14.5　　　字数：372 千字
版　　次：2022 年 1 月第 1 版
印　　次：2024 年 1 月第 5 次印刷
定　　价：47.80 元

凡所购买电子工业出版社图书有缺损问题，请向购买书店调换。若书店售缺，请与本社发行部联系，联系及邮购电话：（010）88254888，88258888。

质量投诉请发邮件至 zlts@phei.com.cn，盗版侵权举报请发邮件至 dbqq@phei.com.cn。

本书咨询联系方式：（010）88254604，lijing@phei.com.cn。

前　　言

为何写作本书

ECharts 自问世以来帮助大量开发者快速实现了可视化需求，它使用方便，学习成本较低，得到了很多使用者的青睐。同时，ECharts 官网上有大量的 ECharts 可视化案例和配置项手册，可以供读者参考、学习。但是如何将学到的知识进行实际应用，很多读者会感到无从下手，于是本书应运而生。

本书参考了企业真实的 ECharts 项目，完整地介绍了项目开发过程，在此分享给大家，希望能对大家有所帮助。

本书阅读对象

本书适合以下几类阅读对象。

- 计算机科学与技术、统计学、数学、大数据、人工智能、数据科学等相关专业的师生。
- 对数据可视化、前端开发感兴趣的初学者。
- 数据可视化、前端开发等相关领域的从业者。
- 转行做数据相关产品和开发的人员。

本书主要特点

本书完整地介绍了 4 个 ECharts 项目的开发过程，融入课程思政等知识，适用于对可视化感兴趣的各类人群。书中每个项目几乎都选择了不同的 ECharts 知识点来完成，4 个项目基本上涵盖了 ECharts 所有常用的技术。

如何阅读本书

本书共 4 个完整的项目实践。

项目一介绍天虎网上超市销售管理系统的开发，ECharts 知识点包括柱状图、条形图、瀑布图、折线图、雷达图、玫瑰图、环形图、旭日图、树图的绘制和配置。

项目二介绍水果销售管理系统的开发，ECharts 知识点包括散点图、词云图、关系图、箱线图、地图、气泡图、异型柱状图、仪表图、折线图的配置和绘制；后端数据在前端页面的展示方法。

项目三介绍浙江新能源汽车服务平台的开发，ECharts 知识点包括阶梯图、饼图、带富文本的饼图、桑基图、单容器多图、多列条形图的配置和绘制；Echarts 事件的编写；主题的使用。

项目四介绍小紫共享单车运营管理平台的开发，ECharts 知识点包括动态条形图、三维散点图、折线面积图、单容器多饼图、热力图、漏斗图、树状图的配置和绘制。

致谢

在漫长的写作过程中，我得到了许多人的帮助。

感谢我的同事和学生对本书付出的努力，以及提出的修改意见。

感谢企业提供的真实项目及项目讲解，极大地促进了本书的完成。

感谢电子工业出版社编辑李静的支持，没有她的帮助，本书不可能如此顺利地呈现在读者面前。

目　　录

项目一
天虎网上超市销售管理系统

【项目背景】

随着互联网技术的发展，国内的网上超市如雨后春笋般地出现。在这里，消费者足不出户就可以浏览网上超市的所有商品、查看打折商品、参与促销活动或下单购买商品等，因此，消费者能够很方便地查找到自己所需的商品并直接在网上购买。另外，消费者还可以在网上直接与超市客服进行沟通和交流，如询问自己感兴趣的问题、得到自己遇到问题的解决方法等。网上超市的出现给人们的生活带来了极大的便利，是一种典型的数字经济。

课程思政： **我国数字经济的发展**

事实上，世界经济正向数字化转型，大力发展数字经济为全球共识。党的十九大报告明确提出要建设"数字中国""网络强国"，我国数字经济发展由此进入新阶段。2020年，我国数字经济延续蓬勃发展的态势，规模由2005年的2.6万亿元扩张到39.2万亿元。伴随着新一轮科技革命和产业变革持续推进，加之疫情因素的影响，数字经济已成为当前最具活力、最具创新力、辐射最广泛的经济形态之一，是国民经济的核心增长极之一。

电子商务是数字经济的重要组成部分，是数字经济中最活跃、最集中的表现形式之一。我国的电子商务在政府和市场的共同推进下，其发展更加注重效率、质量和创新，取得了一系列新的进展，在壮大数字经济、共建"一带一路"、助力乡村振兴，带动创新创业、促进经济转型升级等诸多方面发挥了重要作用，成为我国经济增长的新动力。

天虎网上超市在这个时代背景下应运而生。不过，随着电子商务的发展，在网上超市这个领域，市场上目前有很多，竞争十分激烈。天虎网上超市自开设以来，经过一段时间的运营，销售额并不是很理想。天虎网上超市CEO经过调研，发现在大数据时代，大数据分析对电商能否成功起着重要作用，如基于大数据可以了解消费者购买最多的商品类型、滞销的商品类型、种类最多的商品、保质期短的商品销售情况等。了解了这些，就可以采取有针对性的措施。例如，对于消费者购买最多的商品类型，在进货时可以加大进货量、在超市网上页面可以放在更容易找到的位置来提高客户体验感等。

因此，天虎网上超市 CEO 为了提升超市的销售额，决定从超市购物篮数据着手，找专业的可视化工程师使天虎网上超市销售情况可视化，通过数据指导行动，帮助企业提升业务能力。

本项目因此背景而展开，接到任务的项目研发人员根据项目需求进行分析后，决定采用 ECharts 大数据可视化技术来完成任务。

 【项目目标】

1. 知识技能目标

通过本项目的学习，不仅能对大数据可视化技术在实际中的应用有一个整体的了解和掌握，还能为从事大数据可视化相关工作积累可视化项目的研发经验。

具体需要实现的知识技能目标如下。

（1）能熟练使用 Vscode、PyCharm 等开发软件。

（2）能熟练使用 HTML 和 CSS、JavaScript 等开发技术，并能完成可视化大屏布局设计。

（3）能熟练使用 Python 技术，并能完成后端数据接口的实现。

（4）能熟练使用 Python Flask 框架。

（5）能熟练进行 ECharts 柱状图、条形图、瀑布图、折线图、雷达图、玫瑰图、环形图、旭日图、树图的配置和绘制。

2. 课程思政目标

本项目在天虎网上超市发展背景中自然融入我国数字经济迅猛发展的课程思政元素，提高读者对数字经济发展的了解，提升读者对国内先进的数字经济发展的自豪感，使得读者增强使命感，能做到学以致用和报效国家。

本项目仿照企业工作的方式进行项目开发。在整个开发过程中，每个项目组成员都可以熟悉企业的工作方式，按企业开发项目的标准，在规定时间内采用团队的模式分工合作，以企业客户认可的交付标准实现项目。使得读者通过项目实践提高专业技术、锻炼团队协作能力与沟通能力、增强团队精神。

本项目在阶段任务中还有许多不同的思政元素的导入，具体需要实现的课程思政目标包括数字经济、保障民生、环保、职业精神、工匠精神、团队精神、编码规范、职业素养等。

3．创新创业目标

通过本项目的学习，能让读者掌握在实际工作中利用 ECharts 数据可视化技术完成所要求的可视化展示，能提高读者对大数据可视化技术的应用能力，能让读者了解大数据可视化开发岗位，能增强读者的职业信心和利用大数据可视化技术创新创业的自信心。

通过对天虎网上超市的可视化展示，使读者能够掌握电商企业经营的基本要素，从而在未来创新创业时具备电子商务技术的能力、经营电商企业的能力及线上管理电商企业的能力。

具体需要实现的创新创业目标包括 ECharts 大数据可视化技术在创新创业中解决实际问题的能力、组织和领导团队协作的能力、线上管理企业的能力、经营电商企业的能力、电子商务技术的能力。

4．课证融通目标

通过本项目的学习，读者可以掌握部分《大数据应用开发（Python）职业技能等级标准（2020 年 1.0 版）》初级"3.3 数据可视化"的能力，以及部分《大数据应用开发（Python）职业技能等级标准（2020 年 1.0 版）》中级"3.3 数据可视化"的能力。

具体需要实现的初级课证融通目标如下。

掌握"3.3.1 能够根据业务需求，选择数据可视化工具"的部分能力；掌握"3.3.2 能够根据业务需求，使用数据可视化工具对数据进行基本的操作与配置"的能力；掌握"3.3.3 能够根据业务需求，绘制基础的可视化图形"的部分能力；掌握"3.3.4 能够根据业务需求，辅助业务人员完成数据可视化大屏"的能力。

具体需要实现的中级课证融通目标如下。

掌握"3.3.1 能够根据业务需求使用数据可视化工具将数据以图表的形式进行展示"的能力；掌握"3.3.2 能够根据业务需求，在业务主管的指导下根据数据分析可视化结果，形成有效的数据分析报告"的部分能力；掌握"3.3.3 能够通过数据分析可视化结果，得出有效的分析结论"的部分能力；掌握"3.3.4 能够根据业务需求，实现数据可视化大屏设计"的能力。

 【数据说明】

本项目提供了天虎网上超市的部分购物篮数据，数据具体说明如表 1-1 所示。

表 1-1 天虎网上超市部分购物篮数据

字 段 名	描 述
ID	购物篮ID号
Goods	商品
Types	商品类别

【项目分析】

1. 需求分析

天虎网上超市自经营以来，销售情况不是很理想。天虎网上超市 CEO 为了提升超市的销售额，想将销售情况可视化，利用数据指导决策，让决策更有针对性。天虎网上超市提供的数据为超市在经营中积累的购物篮数据。

经过实际调研，发现超市决策层为了能做出有针对性的决策，希望看到重点类型商品的展示、滞销商品的展示和热销商品的展示等。

根据调研结果和卖场提供的数据，项目组决定采用大数据可视化技术完成项目，并将本项目的图形展示分解为 9 个任务，每个任务均选择合适的展示图形。当然，合适的展示图形并不唯一，读者也可以在做完本项目后根据自己的理解去选择图形。本项目的 9 个任务如表 1-2 所示。

表 1-2　本项目的 9 个任务

任　务	具 体 内 容
任务 1	利用柱状图展示属于非酒精饮料类型的各商品数量
任务 2	利用条形图展示数量排名前十的商品
任务 3	利用瀑布图展示商品类型和该类型下所有商品的数量
任务 4	利用折线图展示滞销商品类型
任务 5	利用雷达图展示熟食类型的各商品数量
任务 6	利用玫瑰图展示属于农副产品的各商品类型的数量
任务 7	利用环形图展示商品种类最多的商品类型
任务 8	利用旭日图展示米粮调料和果蔬类型的各商品数量
任务 9	利用树图展示熟食和西点类型的各商品

2. 技术分析

经过集体研讨，项目组根据自身技术优势及项目要求，决定采用 ECharts 大数据可视化技术。项目开发采用当前较主流的前后端分离的方式：后端用 PyCharm 工具搭建 Flask 框架，然后利用 Python 技术完成数据清洗、数据制作，最终形成数据接口；前端用 Vscode 工具完成可视化大屏布局，用 ECharts 技术完成图形展示；前后端只通过数据接口交互。采用这种方式开发的好处是前后端并行开发，可以加快项目开发速度；代码结构清晰，容易维护。

【开发环境】

PyCharm 安装　Vscode 安装

1. 选择开发环境

调研发现，天虎网上超市平时所用均为 Windows 10 操作系统，因此，项目组决定在

Windows 10 操作系统上开发本项目。前端开发使用的工具为 Vscode 1.57.1、后端开发使用的工具为 PyCharm 专业版 2020.2。

2. 安装开发工具

前端开发工具 Vscode 和后端开发工具 PyCharm 的安装可以扫描上面二维码查看。

 【后端开发】

本项目采用前后端分离的方式进行开发，前端展示图形时需要从后端获取数据，但是前端并不需要了解后端产生数据的细节，只需通过后端提供的数据接口获得数据即可。因此，后端除了处理好数据，还必须提供数据接口供前端访问。这里需要特别指出的是，因为本项目涉及的数据量并不是很大，所以数据接口直接采用网页的形式展示以方便前端查看。

首先在 PyCharm 里面创建 Flask 项目，具体创建过程可以扫描右边二维码查看。建立好项目后，其初始目录结构如图 1-1 所示。

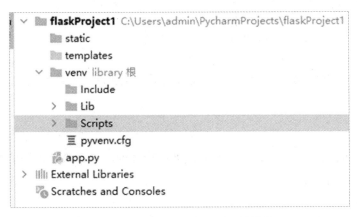

Flask 项目的创建

图 1-1　Flask 项目的初始目录结构

接下来在项目所在的目录里新建各种需要的文件：项目所用的源数据为两个 CSV 文件，在项目根目录里新建一个 datas 目录，将源数据文件放在该目录里；在项目根目录里新建一个 handles 目录，然后在里面新建一个 getdata.py 文件，用来处理数据；在项目的 templates 目录里新建一个 datas.html 文件，用来创建数据接口页面；在项目的根目录里创建一个配置文件 settings.py；在项目的 static 目录里新建一个 js 目录，将后端项目所需的 jquery-1.11.3.min.js 文件放在此目录中。

项目所需 PyCharm 包有 pandas 和 flask-cors，可以先行安装。做好项目的准备工作之后，项目的目录结构如图 1-2 所示。

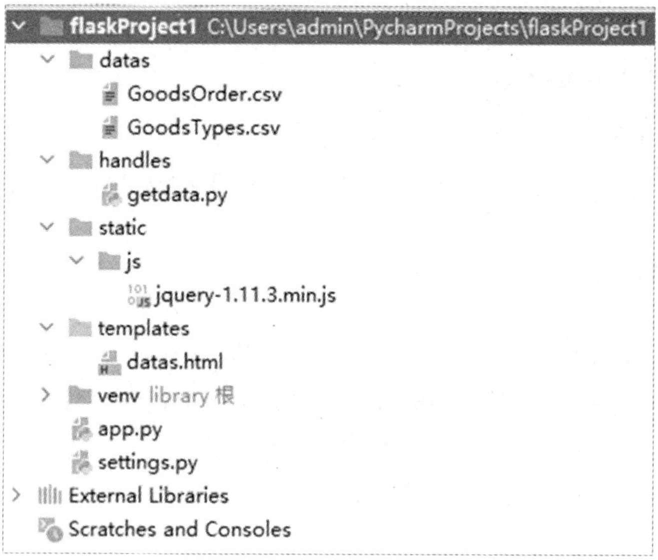

图 1-2　项目的目录结构

修改配置文件 settings.py，代码如下：

```
ENV = 'development'          # 设置开发模式
DEBUG = True                 # 提供报错信息
JSON_AS_ASCII=False          # 解决JSON返回中文乱码问题
```

接下来修改 getdata.py 文件的处理源数据，形成前端每个绘图任务所需的数据。

1.1　清洗数据

因为源数据里有一些缺失值，所以必须先对源数据进行处理，形成规范使用的数据。解决方法为将此部分缺失值删除，代码如下：

```
import pandas as pd
# 读取数据
df1 = pd.read_csv('datas/GoodsOrder.csv', encoding='gbk')
df2 = pd.read_csv('datas/GoodsTypes.csv', encoding='gbk')
#异常数据处理，删除缺失值
df1 = df1.dropna()
df2 = df2.dropna()
```

处理好数据之后，为了操作方便，将 df1 和 df2 进行合并，代码如下：

```
# 将两表数据合并
df = df1.merge(df2, on='Goods')
```

如果想查看 df 数据，则可以加一行代码，利用 print 函数打印到 PyCharm 的 Run 窗口，代码如下：

```
print(df)
```

df 数据的显示结果如图 1-3 所示。

	ID	Goods	Types
0	1	柑橘类水果	果蔬
1	12	柑橘类水果	果蔬
2	40	柑橘类水果	果蔬
3	73	柑橘类水果	果蔬
4	77	柑橘类水果	果蔬
...	...	...	...
43280	5781	厨房用具	百货
43281	8707	厨房用具	百货
43282	9105	厨房用具	百货
43283	5642	防腐用品	百货
43284	8174	防腐用品	百货

图 1-3　df 数据的显示结果

然后对每个任务创建一个处理数据的函数，得到该任务所需的数据。

1.2　制作数据

1.2.1　任务 1 柱状图所需数据

本任务利用柱状图展示属于非酒精饮料类型的各商品数量。根据任务分析，可以确定柱状图的 x 轴为非酒精饮料类型的商品名称、y 轴为商品数量。柱状图所需数据的样例如图 1-4 所示。

/task1	"name"数据 ["一般饮料","全脂牛奶","其他饮料","可可饮料","咖啡","水果/蔬菜汁","瓶装水","苏打","茶","超高温杀菌的牛奶","速溶咖啡"] "value"数据 [256,2513,279,22,571,711,1087,1715,38,329,73]

图 1-4　柱状图所需数据的样例

创建一个函数 h_task1 来完成柱状图的数据处理。先找出数据 df 中 Types 字段为非酒精饮料的数据，得到数据 df_1；再根据 Goods 字段分组统计各非酒精饮料的商品数量。代码如下：

```
df_1 = df[df['Types'] == '非酒精饮料']
df_2 = df_1.groupby(['Goods']).count()
```

对统计好的数据 df_2 进行处理，得到两个列表数据 name、value，其中，name 为非酒精饮料类型的商品名称的集合，value 为商品数量的集合。代码如下：

```
df_3 = df_2['Types']
# 将df_3转换为DataFrame类型
tmp1 = pd.DataFrame(df_3)
# 将索引和值转换为列表
```

```
v = tmp1.values.tolist()
name = tmp1.index.tolist()
# 列表v的格式为[[],[],[],...]，再次处理，转为新列表格式[ , , ...]
value = []
for i in v:
    value.append(i[0])
```

最后返回柱状图所需数据，代码如下：

```
# 返回字典格式数据
return {
    # name为非酒精饮料类型的商品名称，value为商品数量
    'name': name,
    'value': value
    }
```

1.2.2 任务 2 条形图所需数据

本任务利用条形图展示数量排名前十的商品。根据任务分析，可以确定条形图的 x 轴为商品数量，y 轴为排名前十的商品名称。条形图实际上是柱状图的一种特殊表现形式，其所需数据的格式和柱状图是一样的要求。条形图所需数据的样例如图 1-5 所示。

/task2	"name"数据 ["香肠","购物袋","热带水果","根茎类蔬菜","瓶装水","酸奶","苏打","面包卷","其他蔬菜","全脂牛奶"] "value"数据 [924,969,1032,1072,1087,1372,1715,1809,1903,2513]

图 1-5 条形图所需数据的样例

创建一个函数 h_task2 来完成条形图的数据处理。将数据 df 按 Goods 字段分组统计所有商品的数量，代码如下：

```
df_1 = df.groupby(['Goods']).count()
```

为了找到排名前十的商品，将 df_1 按 ID 降序排序，然后取出前 10 条数据，很明显，取出的是数量排名前十的商品，代码如下：

```
# 按ID降序排序
df_2 = df_1.sort_values(by='ID', ascending=False)
# 取出前10条数据
tmp = df_2.iloc[0:10, 0:1]
```

对取出的数据 tmp 进行处理，得到两个列表数据 name、value，代码如下：

```
# 将索引和值转换为列表
name = tmp.index.tolist()
v = tmp.values.tolist()
# 列表v的格式为[[],[],[],...]，再次处理，转为新列表格式[ , , ...]
value = []
for i in v:
```

```
    value.append(i[0])
# 将name、value的值反过来排列，让条形图的"条形"形成降序排列
value.reverse()
name.reverse()
```

最后返回条形图所需格式的数据，代码如下：

```
# 返回字典格式数据
return {
    'name': name,  # 商品名
    'value': value  # 商品数量
    }
```

1.2.3　任务 3 瀑布图所需数据

本任务利用瀑布图展示商品类型和该类型下所有商品的数量。根据任务分析，可以确定瀑布图的 x 轴为商品类型，y 轴为商品数量。瀑布图实际上也是柱状图的一种特殊表现形式，但是它需要有一个全部商品类型的所有商品数量的柱子，然后其他柱子相对这根柱子形成瀑布一样的落差展示。瀑布图所需数据的样例如图 1-6 所示，其中，value2 为形成"瀑布"的关键数据。

/task3	"name"数据
	["总商品数","果蔬","熟食","百货","米粮调料","肉类","西点","酒精饮料","零食","非酒精饮料","食品类"]
	"value"数据
	[43285,7146,541,5141,5185,4870,7192,2287,1459,7594,1870]
	"value2"数据
	[0,36139,35598,30457,25272,20402,13210,10923,9464,1870,0]

图 1-6　瀑布图所需数据的样例

创建一个函数 h_task3 来完成瀑布图的数据处理。将数据 df 按商品类型来统计商品数量，然后统计所有商品类型的商品总数量，代码如下：

```
# 按商品类型统计商品数量
df1 = pd.DataFrame(df.groupby(['Types']).count()['Goods'])
# 所有商品类型的商品总数量
sum_value = df1.agg({'Goods': 'sum'}).tolist()[0]
```

建立一个包含"总商品数"的商品名称列表及一个商品数量列表，代码如下：

```
# 将商品类型名称及各商品类型的商品数量分别转换为列表name、v
name = df1.index.tolist()
v = df1.values.tolist()
# 创建新列表name_list，先添加总商品数的名称，再包含列表name原有值
name_list = ['总商品数']
for n in name:
    name_list.append(n)
# 创建新列表value_list，先添加所有商品总数的值，再包含列表v原有值
value_list = [sum_value]
```

```
# 遍历商品类型数量列表,将值添加到value_list列表中
for i in v:
    value_list.append(i[0])
```

建立一个瀑布图的瀑布所需的关键列表 value2,代码如下:

```
# 构造形成瀑布的关键数值差列表,第一个值为0
value2 = [0]
# 遍历商品数量列表value_list,获得差值列表value2
flag = value_list[0]
for v in range(1, len(value_list)):
    flag = flag - value_list[v]
    value2.append(flag)
```

最后返回瀑布图所需格式的数据,代码如下:

```
# 返回字典格式数据
return {
    'name': name_list,      # 商品类型
    'value': value_list,    # 商品数量
    'value2': value2        # 商品数量和总商品数量的差值
    }
```

1.2.4 任务 4 折线图所需数据

本任务利用折线图展示滞销商品类型。根据任务分析,可以确定折线图的 x 轴为滞销商品类型,y 轴为滞销商品的数量。在 ECharts 中,柱状图和折线图实际上绝大多数都是相同的,只需将 type 直接从"bar"改成"line",柱状图就变成了折线图,反之亦然。折线图所需数据的样例如图 1-7 所示。

/task4	"name"数据 ["熟食","酒精饮料","零食","食品类"] "value"数据 [541,2287,1459,1870]

图 1-7 折线图所需数据的样例

创建一个函数 h_task4 来完成折线图的数据处理。本任务首先需要确定何种数量的商品类型为滞销商品类型,根据项目组和超市相关人员的探讨,最后决定以商品数量小于 3000 的商品类型为滞销商品类型,因此需要找出商品数量小于 3000 的商品类型。

将数据 df 经过分组统计等处理后存为数据 df1,再从数据 df1 中筛选出商品数量小于 3000 的商品类型作为滞销商品类型。代码如下:

```
# 按Types字段分组统计商品数量,再选Goods字段列,将其转换为DataFrame格式
df1 = pd.DataFrame(df.groupby(['Types']).count()['Goods'])
# 筛选出商品数量小于3000的商品类型作为滞销商品类型
df1 = df1[df1['Goods'] < 3000]
```

对统计好的数据 df1 进行处理,得到两个列表数据 name、v。因列表 v 的格式不符合

要求，所以处理列表 v 后得到列表 value。代码如下：

```
# 将索引和值转换为列表
name = df1.index.tolist()
v = df1.values.tolist()
# 列表v的格式为[[],[],[],...]，再次处理，转为新列表格式[ , , ...]
value = []
for i in v:
    value.append(i[0])
```

最后返回折线图所需格式的数据，代码如下：

```
# 返回字典格式数据
return {
    'name': name,        # 滞销商品类型
    'value': value       # 滞销商品数量
    }
```

1.2.5　任务 5 雷达图所需数据

本任务利用雷达图展示属于熟食类型的各商品数量。雷达图不需要设定 x 轴和 y 轴，但需要设定各商品数量的最大值。项目组根据源数据分析，决定将各商品数量的最大值均设为 200。雷达图所需数据的样例如图 1-8 所示，其中，name 列表里面包含字典，字典里有商品名称、商品数量的最大值。

/task5	"name"数据 [{"max":200,"name":"即食汤"},{"max":200,"name":"即食食品"},{"max":200,"name":"小吃类食品"},{"max":200,"name":"意大利面"},{"max":200,"name":"成品"},{"max":200,"name":"汤类"},{"max":200,"name":"白饭"},{"max":200,"name":"糖水"},{"max":200,"name":"马铃薯产品"}] "value"数据 [18,79,30,148,64,67,75,32,28]

图 1-8　雷达图所需数据的样例

创建一个函数 h_task5 来完成雷达图的数据处理。在数据 df 中找到字段 Types 为熟食的数据，然后按字段 Goods 分组统计熟食类型中各商品的数量。代码如下：

```
df0 = df[df['Types'] == '熟食']
df1 = df0.groupby(['Goods']).count()
```

对数据 df1 进行处理，得到两个列表数据 v、name。因列表 v 的格式不符合要求，所以处理列表 v 后得到列表 value。代码如下：

```
# 取Types字段列
df2 = df1['Types']
# 转换为DataFrame
tmp1 = pd.DataFrame(df2)
# 将值和索引转换为列表
v = tmp1.values.tolist()
name = tmp1.index.tolist()
```

```
# 列表v的格式为[[],[],[],...]，再次处理，转为新列表格式[ , , ...]
value = []
for i in v:
    value.append(i[0])
```

各商品数量的最大值为 200，因此设 max 为 200，再联合列表数据 name 循环进行处理，得到字典数据 namelist。代码如下：

```
n = name
# 构造name列表，列表嵌套字典
namelist = []
for i in n:
    namelist.append({
        'name': i,  # 商品类型
        'max': 200  # 各商品数量的最大值
    })
```

最后返回雷达图所需格式的数据，代码如下：

```
# 返回字典格式数据
return {
    'name': namelist,  # 商品名称和商品数量的最大值
    'value': value     # 商品数量
    }
```

1.2.6　任务 6 玫瑰图所需数据

本任务利用玫瑰图展示属于农副产品的各商品类型的数量。玫瑰图不需要设定 x 轴和 y 轴，它实际上是饼图的一种特殊表现形式。玫瑰图所需数据的样例如图 1-9 所示，其中，数据列表里的元素为字典数据，每个字典数据中存放商品类型数据和商品数量数据。

	"data"数据
/task6	[{"name":"果蔬","value":7146},{"name":"米粮调料","value":5185},{"name":"肉类","value":4870},{"name":"食品类","value":1870},{"name":"熟食","value":541}]

图 1-9　玫瑰图所需数据的样例

创建一个函数 h_task6 来完成玫瑰图的数据处理。在数据 df 中根据字段 Types 分组统计得到数据 df_1，代码如下：

```
df_1 = df.groupby(['Types']).count()
```

接下来选择数据 df_1 的 Goods 字段得到数据 df_2，再对数据 df_2 进行降序排序得到数据 df1，代码如下：

```
# 选择df_1中Goods字段的数据并转换为DataFrame格式
df_2 = pd.DataFrame(df_1['Goods'])
# 按Goods字段降序排序
df1 = df_2.sort_values(by='Goods', ascending=False)
```

df_1、df_2、df1 数据分别如图 1-10～图 1-12 所示。

Types	ID	Goods
果蔬	7146	7146
熟食	541	541
百货	5141	5141
米粮调料	5185	5185
肉类	4870	4870
西点	7192	7192
酒精饮料	2287	2287
零食	1459	1459
非酒精饮料	7594	7594
食品类	1870	1870

图 1-10　df_1 数据

Types	Goods
果蔬	7146
熟食	541
百货	5141
米粮调料	5185
肉类	4870
西点	7192
酒精饮料	2287
零食	1459
非酒精饮料	7594
食品类	1870

图 1-11　df_2 数据

Types	Goods
非酒精饮料	7594
西点	7192
果蔬	7146
米粮调料	5185
百货	5141
肉类	4870
酒精饮料	2287
食品类	1870
零食	1459
熟食	541

图 1-12　df1 数据

然后将数据 df1 转换为两个列表：包含所有商品类型名称的列表 n、包含商品类型中所有商品数量的列表 v，代码如下：

```
# 将值和索引转换为列表
n = df1.index.tolist()
v = df1.values.tolist()
```

另外，本任务还需要确定农副产品有哪些商品类型。根据项目组和超市相关人员的探讨，确定熟食、果蔬、食品类、肉类和米粮调料为农副产品。

接下来同时遍历 n 和 v 两个列表，进行数据处理，只保留农副产品的数据，得到字典数据 l，代码如下：

```
l = []
# 同时遍历两个列表，先判断属于农副产品的商品类型
# 最后得到的l列表的每个数据为一个字典，包括商品类型和商品数量
for i, k in zip(n, v):
    # 根据探讨确定的农副产品中的商品类型来判断
    if i in ['熟食', '果蔬', '食品类', '肉类', '米粮调料']:
    l.append({
        'name': i, # 商品类型
        'value': k[0] # 商品数量
    })
```

最后返回玫瑰图所需格式的数据，代码如下：

```
# 返回字典格式数据
return {'data': l}
```

1.2.7　任务 7 环形图所需数据

本任务利用环形图展示商品种类最多的商品类型。环形图不需要设定 x 轴和 y 轴，它实际上也是饼图的一种特殊表现形式。环形图所需数据的样例如图 1-13 所示，其中，数据列表里嵌套字典，字典里存放"name：商品名""value：商品数量"。

13

/task7	"data"数据 [{"name":"一般饮料","value":256},{"name":"全脂牛奶","value":2513},{"name":"其他饮料","value":279},{"name":"可可饮料","value":22},{"name":"咖啡","value":571},{"name":"水果/蔬菜汁","value":711},{"name":"瓶装水","value":1087},{"name":"苏打","value":1715},{"name":"茶","value":38},{"name":"超高温杀菌的牛奶","value":329},{"name":"速溶咖啡","value":73}] "name"数据 "非酒精饮料"

图 1-13　环形图所需数据的样例

创建一个函数 h_task7 来完成环形图的数据处理。在数据 df 中，根据字段 Types 分组统计，再按照字段 Goods 进行降序排序，并转成列表数据后取出第一个值。很明显，降序排序后的第一个值为商品数量最多的商品类型。代码如下：

```
# [0]为第一个索引值，这里也就是商品数最多的商品类型
flag = df.groupby(['Types']).count().sort_values(by='Goods',
                ascending=False).index.tolist()[0]
```

由上面的代码可知，flag 为商品数量最多的商品类型。对数据 df 筛选出字段 Types 为 flag 的数据后，按字段 Goods 分组统计，再按字段 ID 筛选数据得到 df1。代码如下：

```
# 先筛选出字段Types为flag的数据，按Goods字段分组统计
# 再按ID字段筛选数据得到df1
df1 = pd.DataFrame(df[df['Types'] == flag].groupby(['Goods']).count()['ID'])
```

处理数据 df1，得到两个列表数据 n、v，然后同时遍历这两个列表，得到包含商品名称和商品数量的新列表 l。代码如下：

```
# 将值和索引转换为列表
n = df1.index.tolist()
v = df1.values.tolist()
# 同时遍历两个列表
l = []
for i, k in zip(n, v):
    l.append({
        'name': i,      # 商品名称
        'value': k[0]  # 商品数量
    })
```

最后返回环形图所需格式的数据，代码如下：

```
# 返回字典格式数据
return {'data': l,'name':flag}
```

1.2.8　任务 8 旭日图所需数据

本任务利用旭日图展示米粮调料和果蔬类型的各商品数量。旭日图所需数据的样例如图 1-14 所示，其中，最外面的数据 name 为父级，数据 children 为下一级；每个数据 children 里面为数据 name、数据 value。

本任务的旭日图只有 2 层，如果有 3 层，则每个数据 children 里面为数据 name、数据

children；然后这个数据 children 里面才为数据 name、数据 value。旭日图多层数据可以依次类推。

/task8	"data"数据 {"children":[{"name":"人造黄油","value":576},{"name":"冷冻餐饭","value":279},{"name":"凝乳","value":524},{"name":"发酵粉","value":174},{"name":"布丁粉","value":23},{"name":"果酱","value":53},{"name":"水果奶油涂抹酱","value":110},{"name":"沙拉酱","value":8},{"name":"油","value":276},{"name":"炼乳","value":101},{"name":"烹饪巧克力","value":25},{"name":"特色油脂","value":36},{"name":"甜味剂","value":32},{"name":"甜味烈酒调和剂","value":9},{"name":"番茄酱","value":42},{"name":"盐","value":106},{"name":"糖","value":333},{"name":"罐头蔬菜","value":106},{"name":"罐头鱼","value":148},{"name":"罐装水果","value":32},{"name":"芥末","value":118},{"name":"蛋黄酱","value":90},{"name":"蜜糖","value":15},{"name":"融化奶酪","value":163},{"name":"谷物","value":56},{"name":"酱油","value":54},{"name":"酸奶油","value":705},{"name":"醋","value":64},{"name":"面粉","value":171},{"name":"香草","value":160},{"name":"香辛料","value":51},{"name":"黄油","value":545}],"name":"米粮调料"} "children"子数据 [{"name":"人造黄油","value":576},{"name":"冷冻餐饭","value":279},{"name":"凝乳","value":524},{"name":"发酵粉","value":174},{"name":"布丁粉","value":23},{"name":"果酱","value":53},{"name":"水果奶油涂抹酱","value":110},{"name":"沙拉酱","value":8},{"name":"油","value":276},{"name":"炼乳","value":101}] "name"子数据 "米粮调料"

图 1-14　旭日图所需数据的样例

创建一个函数 h_task8 来完成旭日图的数据处理，分别得到米粮调料和果蔬的数据，然后将它们合并在一起。代码如下：

```
# 米粮调料数据
df01 = df[df['Types'] == '米粮调料']
# 果蔬数据
df02 = df[df['Types'] == '果蔬']
# 合并数据
df0 = pd.concat([df01, df02], axis=0)
```

从数据 df0 中筛选出字段为 Types 的数据后，清除重复值，再转成列表 name。代码如下：

```
name = df0['Types'].unique().tolist()
```

遍历商品类型列表 name，进行数据处理，最后得到数据 data_dict。代码如下：

```
# 创建列表用来存放最终的旭日图数据
data_dict = []
# 遍历商品类型列表
for n in name:
    # 创建字典son_dict
    son_dict = {'name': n}
    # 创建列表son_list
    son_list = []
    # 筛选商品类型为n的数据并按Goods字段分组统计商品数量
    df4 = df[df['Types'] == n].groupby(['Goods']).count()
    # 将索引和值转换为列表
    son_name = df4.index.tolist()
    son_value = df4.values.tolist()
    # 同时遍历两个列表，将商品名称和商品数量添加到列表son_list中
```

```
    for sn, sv in zip(son_name, son_value):
        son_list.append({
            'name': sn,
            'value': sv[0]
        })
    # 字典son_dict中key名为children的存储列表son_list
    son_dict['children'] = son_list
    # 将字典数据添加到列表data_dict中
    data_dict.append(son_dict)
```

最后返回旭日图所需格式的数据，代码如下：

```
# 返回字典格式数据
return {'data': data_dict}
```

1.2.9 任务9 树图所需数据

本任务利用树图展示熟食和西点类型的各商品。树图和旭日图的数据非常相像，树图更适合类别少、层级少的比例数据关系。

树图所需数据的样例如图 1-15 所示，与旭日图一样，其最外面的数据 name 为父级，数据 children 为下一级；每个数据 children 里面为数据 name 和数据 value。同样，多层树图也可以与旭日图一样类推，这里不再赘述。

/task9	"data"数据 [{"children":[{"name":"即食汤","value":18},{"name":"即食食品","value":79},{"name":"小吃类食品","value":30},{"name":"意大利面","value":148},{"name":"成品","value":64},{"name":"汤类","value":67},{"name":"白饭","value":75},{"name":"糖水","value":32},{"name":"马铃薯产品","value":28}],"name":"熟食"},{"children":[{"name":"凝乳酪","value":50},{"name":"切片奶酪","value":241},{"name":"半成品面包","value":174},{"name":"咸点心","value":372},{"name":"奶油","value":13},{"name":"奶油乳酪","value":390},{"name":"威化饼","value":378},{"name":"干面包","value":50},{"name":"特色奶酪","value":84},{"name":"甜点","value":365},{"name":"甜食","value":89},{"name":"白面包","value":414},{"name":"硬奶酪","value":241},{"name":"糕点","value":875},{"name":"软奶酪","value":168},{"name":"酪","value":275},{"name":"长面包","value":368},{"name":"面包卷","value":1809},{"name":"面包干","value":68},{"name":"风味蛋糕","value":130},{"name":"黑面包","value":638}],"name":"西点"}],"name":"即食类"}]
	"children"子数据 [{"children":[{"name":"即食汤","value":18},{"name":"即食食品","value":79},{"name":"小吃类食品","value":30},{"name":"意大利面","value":148},{"name":"成品","value":64},{"name":"汤类","value":67},{"name":"白饭","value":75},{"name":"糖水","value":32},{"name":"马铃薯产品","value":28}],"name":"熟食"},{"children":[{"name":"凝乳酪","value":50},{"name":"切片奶酪","value":241},{"name":"半成品面包","value":174},{"name":"咸点心","value":372},{"name":"奶油","value":13},{"name":"奶油乳酪","value":390},{"name":"威化饼","value":378},{"name":"干面包","value":50},{"name":"特色奶酪","value":84},{"name":"甜点","value":365},{"name":"甜食","value":89},{"name":"白面包","value":414},{"name":"硬奶酪","value":241},{"name":"糕点","value":875},{"name":"软奶酪","value":168},{"name":"酪","value":275},{"name":"长面包","value":368},{"name":"面包卷","value":1809},{"name":"面包干","value":68},{"name":"风味蛋糕","value":130},{"name":"黑面包","value":638}],"name":"西点"}]
	"name"子数据 "即食类"
	"children"子数据 [{"name":"即食汤","value":18},{"name":"即食食品","value":79},{"name":"小吃类食品","value":30},{"name":"意大利面","value":148},{"name":"成品","value":64},{"name":"汤类","value":67},{"name":"白饭","value":75},{"name":"糖水","value":32},{"name":"马铃薯产品","value":28}]
	"name"子数据 "熟食"

图 1-15　树图所需数据的样例

创建一个函数 h_task9 来完成树图的数据处理，分别得到熟食和西点的数据，然后合并在一起。代码如下：

```
# 熟食数据
df01 = df[df['Types'] == '熟食']
# 西点数据
df02 = df[df['Types'] == '西点']
# 合并数据
df0 = pd.concat([df01, df02], axis=0)
```

从数据 df0 中筛选出字段为 Types 的数据后，清除重复值，再转成列表 name。代码如下：

```
name = df0['Types'].unique().tolist()
```

遍历商品类型列表 name，进行数据处理，最后得到数据 data_dict。代码如下：

```
# 创建列表，用来存放最终的树图数据
data_dict = []
# 创建字典f_dict
f_dict = {'name': '即食类'}
# 创建f_list列表
f_list = []
# 遍历商品类型列表
for n in name:
    # 创建字典son_dict
    son_dict = {'name': n}
    # 创建列表son_list
    son_list = []
    # 筛选商品类型为n的数据并按Goods字段分组统计商品数量
    df4 = df[df['Types'] == n].groupby(['Goods']).count()
    # 将索引和值转换为列表
    son_name = df4.index.tolist()
    son_value = df4.values.tolist()
    # 同时遍历两个列表，将商品名称和商品数量添加到列表son_list中
    for sn, sv in zip(son_name, son_value):
        son_list.append({
            'name': sn,
            'value': sv[0]
        })
    # 字典son_dict中key名为children的存储列表son_list
    son_dict['children'] = son_list
    # 将字典son_dict添加到列表f_list中
    f_list.append(son_dict)
    # 字典f_dict中key名为children的存储列表f_list
    f_dict['children'] = f_list
    # 将数据添加到列表data_dict中
    data_dict.append(f_dict)
```

最后返回树图所需格式的数据，代码如下：

```
# 返回字典格式数据
return {'data': data_dict}
```

到这里，getdata.py 文件的代码就全部完成了，接下来修改 app.py 文件以实现数据获取。

1.3 实现数据接口

先引入 render_template、jsonify，代码如下：

```
from flask import Flask, render_template, jsonify
```

处理数据的 getdata.py 文件、设置文件 settings.py 也需要引入，代码如下：

```
from handles.getdata import *
import settings
app = Flask(__name__)
app.config.from_object(settings)
```

目前数据接口页面文件 datas.html 还没有建好。这里可先定义一个路由规则：若当前地址是根路径，就调用 index 函数，返回 datas.html，代码如下：

```
# 数据接口
@app.route('/')
def index():
    return render_template('datas.html')
```

然后针对每个任务定义路由规则，这里以任务 1 为例：当前端发出 GET 请求且请求地址是/task1 时，后端调用 getdata.py 文件里定义的 h_task1 函数来返回相应的 JSON 数据到前端，代码如下：

```
@app.route('/task1', methods=['GET'])
def task1():
    data = h_task1()
    return jsonify(data)
```

对于任务 2 到任务 9，可以仿照任务 1 添加相应代码，此外不再列出。最后添加代码 app.run()以监听指定的端口，并处理收到的请求，代码如下：

```
if __name__ == '__main__':
    app.run(threaded=True,port=5000,host='0.0.0.0')
```

到这里，app.py 文件的代码就基本完成了，接下来修改 datas.html 文件以生成数据接口页面。

1.4 制作数据接口页面

数据接口页面 datas.html 文件并不是必须建立的，但是在本项目中，因为数据量不是很大，所以不制作数据接口文档，而用数据接口页面。数据接口页面的作用是让前端拥有一份调用后端数据的说明书。

思政元素导入：

团队精神

通过建立数据接口页面文件，能够体会项目开发过程中的团队协作的必要性。前端开发人员完全不必了解后端开发人员的开发细节，只需了解数据接口页面文件的做法，能让所有开发人员深刻领会团队协作精神。

通过这种团队通力合作的做法，不仅能够加快整个团队的开发速度，提高团队成员运用自身知识解决实际问题的能力，还能使开发人员理解团队精神的意义。

最后形成的数据接口页面的一部分如图 1-16 所示。

天虎网上超市销售管理系统数据接口说明

任务数据接口调用URL	任务数据参考内容
/task1	"name"数据 ["一般饮料","全脂牛奶","其他饮料","可可饮料","咖啡","水果/蔬菜汁","瓶装水","苏打","茶","超高温杀菌的牛奶","速溶咖啡"] "value"数据 [256,2513,279,22,571,711,1087,1715,38,329,73]
/task2	"name"数据 ["香肠","购物袋","热带水果","根茎类蔬菜","瓶装水","酸奶","苏打","面包卷","其他蔬菜","全脂牛奶"] "value"数据 [924,969,1032,1072,1087,1372,1715,1809,1903,2513]
/task3	"name"数据 ["总商品数","果蔬","熟食","百货","米粮调料","肉类","西点","酒精饮料","零食","非酒精饮料","食品类"] "value"数据 [43285,7146,541,5141,5185,4870,7192,2287,1459,7594,1870] "value2"数据 [0,36139,35598,30457,25272,20402,13210,10923,9464,1870,0]
/task4	"name"数据 ["熟食","酒精饮料","零食","食品类"] "value"数据 [541,2287,1459,1870]
/task5	"name"数据 [{"max":200,"name":"即食汤"},{"max":200,"name":"即食食品"},{"max":200,"name":"小吃类食品"},{"max":200,"name":"意大利面"},{"max":200,"name":"成品"},{"max":200,"name":"汤类"},{"max":200,"name":"白饭"},{"max":200,"name":"糖水"},{"max":200,"name":"马铃薯产品"}] "value"数据 [18,79,30,148,64,67,75,32,28]

图 1-16　最后形成的数据接口页面的一部分

创建这个数据接口页面文件要引入文件 jquery-1.11.3.min.js，可在\<head>\</head>之间引入，代码如下：

```
<head>
<meta charset="UTF-8">
```

```
<title>数据接口说明</title>
<script src="../static/js/jquery-1.11.3.min.js"></script>
......这里省略显示其他代码
</head>
```

数据接口页面中的每个任务在表格中都占有一行：左边是任务名称，同时给任务名称设置一个超链接，链接到返回相应 JSON 数据的页面；右边是任务所需的数据样例。这里以表格中任务 1 所在行的建立为例，其他任务均可以仿照任务 1 来建立，代码如下：

```
<tr>
    <td class="url_c"><a href="/task1">/task1</a></td>
    <td class="data_c"><span id="task1"></span></td>
</tr>
```

此时表格中任务 1 所在行已经建立，接下来设置相应的样式，其他任务仿照任务 1 来建立相应的样式，代码如下：

```
tr {
    display: flex;
    }
.url_c {
    flex: 1;
    text-align: center;
    }
.data_c {
    flex: 10;
    }
```

现在表格右边的数据样例还没有显示，要通过 JavaScript（JS）脚本来完成显示。还是以任务 1 为例，其他任务均可以仿照任务 1 来建立，代码如下：

```
<script type="text/javascript">
//任务1柱状图的数据样例
$.ajax({
    type: 'get',
    url: "/task1",
    dataType: "json",
    success: function (datas) {
        console.log(datas);
        str_pretty1 = "";
        for (var key in datas) {
            str_pretty1 = str_pretty1 + JSON.stringify(key) + "数据" + "\n";
            str_pretty1 = str_pretty1 + JSON.stringify(datas[key], 2);
            str_pretty1 = str_pretty1 + "\n";
            document.getElementById('task1').innerText = str_pretty1;
        }
    },
    error: function (err) {
        console.log(err)
```

```
        return err;
    }
})
</script>
```

将所有任务的表格、样式、JS 脚本建好以后，数据接口页面就建立成功了。前端人员可以通过地址 http://127.0.0.1:5000/来访问。

1.5　解决跨域问题

在进行前后端分离开发时，经常会碰到跨域问题，跨域问题出于浏览器的同源策略限制。同源策略是一种约定，是浏览器最核心、最基本的安全功能，如果缺少了同源策略，则浏览器的正常功能可能都会受到影响。可以说，Web 构建在同源策略基础之上，浏览器只是针对同源策略的一种实现。同源策略会阻止一个域的 JS 脚本和另外一个域的内容进行交互。所谓同源（指在同一个域），就是指两个页面具有相同的协议、域名和端口。

因此，当一个请求 URL 的协议、域名、端口 3 者之间任意 1 个与当前页面 URL 不同时，就是跨域。一旦被判定为跨域，就无法读取非同源网页的 Cookie、LocalStorage 和 IndexedDB，无法接触非同源网页的 DOM，无法向非同源地址发送 AJAX 请求。

因此，为了在开发过程中避免跨域问题的影响，设定跨域资源分享 CORS 来解决跨域问题。此时需要修改 app.py 文件，先增加一句代码引入 CORS 包。代码如下：

```
from flask_cors import CORS
```

然后在代码 app.config.from_object(settings)下面添加一行代码：

```
CORS(app)
```

这样，在开发过程中就不会碰到跨域问题了。

1.6　远程访问数据接口页面

如果前后端开发人员并不在同一个地点办公或需要后端服务器长期开启，那么可以将后端部署到云服务器上，通过 IP 地址或域名访问数据接口页面。

如果云服务器的操作系统是 Windows 系统，那么只需安装好 PyCharm，将本地后端项目拷贝到远程服务器上，然后运行 Flask 项目，就可以通过 IP 地址或域名远程访问数据接口页面了。

如果云服务器的操作系统是 Linux 系统，那么安装好 Linux 版本的 PyCharm（类似 Windows 系统下的开发），然后运行项目，一样可以实现远程访问数据接口页面。

【前端开发】

1.1　制作可视化大屏布局

前端可视化开发必须要有一个大屏布局。新建一个名为"03 天虎网上超市销售管理系统前端项目"的目录，在该目录中需要建立布局所用的所有文件：在该目录中新建一个 index.html 文件，此文件为可视化大屏的主页面；在该目录中新建一个名为 css 的目录，再在 css 目录中新建一个 main.css 文件，此文件为样式文件；在该目录中新建一个名为 js 的目录，将 jquery-1.11.3.min.js 文件放入此目录中；在 css 目录中新建一个名为 images 的目录，将布局所需的 3 张图片放入此目录中；在 css 目录中新建一个名为 font 的目录，布局所需的字体文件均放入此目录中；在 js 目录中新建一个名为 taskjs 的目录，将 time.js 文件放入此目录中。

准备好所有的目录和文件之后，右击"03 天虎网上超市销售管理系统前端项目"目录，在弹出的快捷菜单中选择"通过 Code 打开"选项，在 Vscode 里形成的初始目录结构如图 1-17 所示。

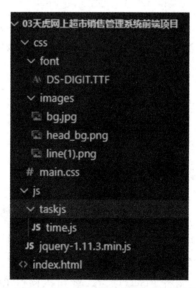

图 1-17　在 Vscode 里形成的初始目录结构

本项目的布局分为上下两部分：上面为标题和时间显示；下面为 3 行 3 列的 9 个容器，如图 1-18 所示。

本项目的大屏布局分为两部分：样式和结构，也就是 CSS 样式代码和 HTML 代码。这种做法能让 HTML 代码和 CSS 代码语义清晰，增强易读性和维护性。

接下来修改文件 index.html，完成 HTML 代码。

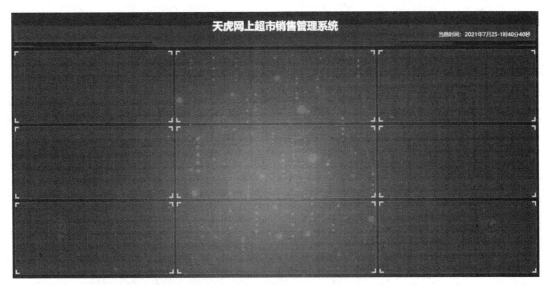

图 1-18　可视化大屏布局

1.1.1　完成 HTML 代码

在 index.html 文件的头部需要引入相关的 JS 文件和 CSS 文件，同时在 js 目录里放入 echarts.min.js 文件。代码如下：

```
<head>
    <meta charset="UTF-8">
    <meta http-equiv = "X-UA-Compatible" content = "IE=edge,chrome=1"/>
    <title>天虎网上超市销售管理系统</title>
    <script src="js/echarts.min.js"></script>
    /*引入jQuery文件以使用JS代码*/
    <script src="js/jquery-1.11.3.min.js"></script>
    /*引入CSS文件以使用样式*/
    <link rel="stylesheet" href="css/main.css">
</head>
```

在上面的代码中，引入了 echarts.min.js 文件，虽然在布局阶段用不到，但在绘制 ECharts 图形时要用，因此这里提前引入。

在布局的上面部分，要完成标题和时间显示，需要设置 h1 标签和放置 JS 插件的 div 标签，div 标签通常可以理解为一个装载其他元素的容器。代码如下：

```
<!-- {#头部#} -->
<header>
    <h1>天虎网上超市销售管理系统</h1>
    <div class="showTime"></div>
    <script src="js/taskjs/time.js"></script>
</header>
```

在上面的代码中，引入了 time.js 文件，这个 JS 文件就是完成时间显示的 JS 插件。为

23

了在容器 showTime 里显示时间，需要修改 time.js 文件，代码如下：

```
var t = null;
    t = setTimeout(time, 1000);//开始运行
    function time() {
        clearTimeout(t);//清除定时器
        dt = new Date();
        var y = dt.getFullYear();
        var mt = dt.getMonth() + 1;
        var day = dt.getDate();
        var h = dt.getHours();//时
        var m = dt.getMinutes();//分
        var s = dt.getSeconds();//秒
        //绑定容器showTime
        document.querySelector(".showTime").innerHTML = '当前时间：' + y + "年"
                        + mt + "月" + day + "-" + h + "时" + m + "分" + s + "秒";
        t = setTimeout(time, 1000); //设定定时器，循环运行
    }
```

接下来建立布局下面部分左边的 3 个容器，代码如下：

```
<section class="mainbox">
    {# 左边最上面的容器#}
    <div class="column">
        <div class="panel">
            <div class="bar1"></div>
            <div class="panel-footer"></div>
        </div>
    {# 左边中间的容器#}}
        <div class="panel">
            <div class="bar2"></div>
            <div class="panel-footer"></div>
        </div>
    {# 左边最下面的容器#}
        <div class="panel">
            <div class="bar3"></div>
            <div class="panel-footer"></div>
        </div>
    </div>
</section>
```

布局下面部分中间和右边的容器可以仿照左边容器来建立，此时 index.html 文件初步建立。但是在打开 index.html 文件时，是无法看到图 1-18 所示的效果的，因为样式代码还没有完成。接下来修改样式文件 main.css。

1.1.2 完成样式代码

先完成全局和 html 标签的样式设置，代码如下：

```css
/*全局样式*/
* {
    box-sizing: border-box;
}
html{
    width: 99%;
    height: 100vh;
    margin: 0 auto;
    padding:0 0 0;
}
```

然后完成 body 和字体的样式设置，在 body 样式里，用图 bg.jpg 设置页面的背景。代码如下：

```css
body {
    background: url("images/bg.jpg") no-repeat top center;
    line-height: 1.15;
    margin:0;
    padding:0;
}
/* 声明字体*/
@font-face {
    font-family: electronicFont;
    src: url(font/DS-DIGIT.TTF);
}
```

接下来完成布局上面部分的头部样式设置，包括整个页面头部、标题、showTime 容器等的样式。代码如下：

```css
/*头部样式设置*/
header {
    position: relative;
    height: 13.12vh;
    background: url("images/head_bg.png") no-repeat;
    background-size: 100% 100%;
}
/* 标题样式*/
header > h1 {
    font-size: 3.9vh;
    color: #ffffff;
    text-align: center;
    line-height: 0.5vh;
}
/* showTime样式*/
header > .showTime {
```

```
/*  下面3行决定了时间显示放在页面右上角的相应位置*/
position: absolute;
right: 2vh;
top: 3vh;
line-height: 1vh;
color: rgba(255, 255, 255, 0.7);
font-size: 2vh;
}
```

接下来完成布局下面部分的主体样式设置，代码如下：

```
/*主体样式设置 */
.mainbox {
    display: flex;
    margin: 0 auto;
    padding: 0 0 0;
    }
```

在布局下面部分的左中右 3 部分中，为了设置样式方便，都放置了名为 column 的容器。下面的代码将页面宽度分成 13 等份：中间占 5 等份、左右各占 4 等份：

```
/*左中右3部分中都有一个名为column的容器 */
.mainbox > .column {
    flex: 4;
    }
/*nth-child(2)表示属于其父元素的第二个子元素 */
.column:nth-child(2) {
    flex: 5;
    margin: 0 1vh 1vh;
                }
```

为了设置样式方便，在所有放置图形的容器外都放置了名为 panel 的容器。对 panel 容器设置样式将影响所有名为 panel 的容器。代码如下：

```
/*每个图形容器外都有一个名为panel的容器 */
.mainbox > .column > .panel {
    position: relative;
    height: 25.611vh;
    border: 0.2vh solid rgba(25, 186, 139, 0.17);
    background: url("images/line(1).png") rgba(255, 255, 255, .04);
    padding: 0 0 0;
    margin-bottom: 1.2vh;
    display: flex;
                }
```

接下来设置所有放置图形容器的样式。代码如下：

```
/*9个图形所在容器的样式*/
.mainbox > .column > .panel > .line1, .pie1, .bar1, .pie2, .bar2, .radar, .bar3,
.sunburst, .tree {
        width: 100%;
```

```
    height: 25.611vh;
        }
```

为了页面的美化，对每个图形所在外框的 4 个角进行修饰，形成 4 个半角框。先在 panel 容器的左上角形成一个半角框。代码如下：

```
/*设置4个半角框*/
/*设置左上角半角框*/
.mainbox > .column > .panel::before {
    content: '';
    position: absolute;
    top: 0;
    left: 0;
    width: 1vh;
    height: 1vh;
    /*在左上角的上边画实线*/
    border-top: 0.5vh solid #02a6b5;
    /*在左上角的左边画实线*/
    border-left: 0.5vh solid #02a6b5;
}
```

在上面的代码中，"::before"是伪元素，必须设置其 content 属性才能发挥作用，其作用是在真正页面元素内部之前添加新内容。因此，".panel::before"的意思就是在 panel 容器内部之前增加内容。结合"border-top"和"border-left"的设置，表示在 panel 容器内部之前增加的内容是对容器左上角的上边和左边画实线，这样就形成了一个左上角的半角框修饰，如图 1-19 所示。

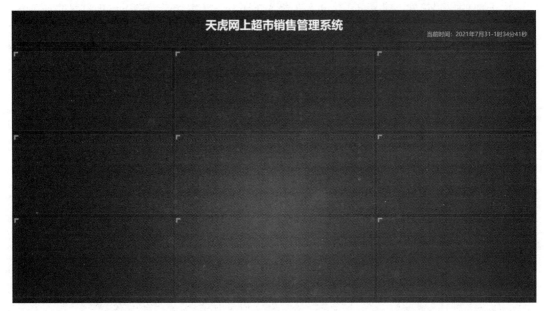

图 1-19　左上角的半角框修饰

接下来在 panel 容器的右上角形成一个半角框。代码如下：

```
/*设置右上角半角框*/
.mainbox > .column > .panel::after {
    content: '';
    position: absolute;
    top: 0;
    right: 0;
    width: 1vh;
    height: 1vh;
    border-top: 0.5vh solid #02a6b5;
    border-right: 0.5vh solid #02a6b5;
}
```

在上面的代码中，"::after"也是伪元素，表示在真正页面元素内部之后添加新内容。因此，可以利用它形成 panel 容器的右上角半角框。

在 index.html 文件里可以看到，在 panel 容器里，最下边都放了一个 panel-footer 容器，作用就是为了能形成左下角半角框和右下角半角框。设置 panel-footer 容器的样式：位置在 panel 容器最下面，宽度和 panel 容器一样宽，无高度。代码如下：

```
.mainbox > .column > .panel > .panel-footer {
    position: absolute;
    bottom: 0;
    left: 0;
    width: 100%;
}
```

由上面的代码可知，对 panel-footer 设置"::before"就相当于设置 panel 容器的左下角，对 panel-footer 设置"::after"就相当于设置 panel 容器的右下角。代码如下：

```
/*设置左下角半角框*/
.mainbox > .column > .panel > .panel-footer::before {
    content: '';
    position: absolute;
    bottom: 0;
    left: 0;
    width: 1vh;
    height: 1vh;
    border-bottom: 0.5vh solid #02a6b5;
    border-left: 0.5vh solid #02a6b5;
}
/*设置右下角半角框*/
.mainbox > .column > .panel > .panel-footer::after {
    content: '';
    position: absolute;
    bottom: 0;
    right: 0;
```

```
    width: 1vh;
    height: 1vh;
    border-bottom: 0.5vh solid #02a6b5;
    border-right: 0.5vh solid #02a6b5;
}
```

这样，4 个半角框就全部建立好了，main.css 文件也建立完成了。

在 Vscode 里打开 index.html 文件后，选择"运行"菜单，然后选择"启动调试"选项，可以看到如图 1-18 所示的布局已经成功显示。

1.2　图形展示

ECharts 知识点

柱状图、条形图、瀑布图、折线图、雷达图、玫瑰图、环形图、旭日图、树图的绘制和配置。

完成了布局任务以后，接下来用 ECharts 大数据可视化技术绘图。ECharts 技术提供商业产品常用图表，其底层基于 ZRender（一个全新的轻量级 Canvas 类库），包括坐标系、图例、提示、工具箱等基础组件，并在此基础上构建折线图、柱状图、散点图、饼图、雷达图、地图、仪表盘及漏斗图等多种图形，同时支持任意维度的堆积和多图表混合展现。

思政元素导入：　　　　　　　　　中国制造业、软件业的崛起

ECharts 由百度（中国）有限公司出品，目前在全世界得到了广泛的应用。它的出现是中国制造业强大的体现，也是中国软件业跃上世界舞台的体现，表明中国制造业、软件业经过飞速发展，取得了令人瞩目的成就。

图形展示的每个任务均用一个 JS 文件完成。然后将所有任务的 9 个 JS 文件均放入 js 目录的 taskjs 目录中。再修改 index.html 文件，引入这 9 个 JS 文件，形成图形展示。这样做的好处是，当想更换某个任务的图形时，只需修改相应的 JS 文件，而不必修改整个代码。

每个任务均采用 jQuery 的 get()方法来获取后端数据。下面统一将获取后端数据的 IP 地址和端口设定为 "127.0.0.1:5000"，以任务 1 为例说明获取数据的方法。

当前端发送一个 HTTP GET 请求到 "http://127.0.0.1:5000/task1" 地址后，就可以获取到后端数据并赋值给变量 data，然后前端就可以利用变量 data 来绘制图形，代码如下：

```
$.get('http://127.0.0.1:5000/task1').done(function (data) {
    ......这里写利用变量data绘制图形的代码
        }
```

其他 8 个任务都可以仿照任务 1 来获取后端数据。需要特别注意的是，后端 Flask 服务必须是运行状态。

1.2.1　任务 1 柱状图展示

任务所需 ECharts 知识点：柱状图的绘制和配置。

因为非酒精饮料的销售未达到天虎网上超市 CEO 的预期（随时能查看非酒精饮料的销售情况），所以本任务展示属于非酒精饮料类型的各商品的数量。经项目组讨论，认为柱状图每根柱子的长短可以很清楚地反映各商品的销售情况，因此本任务选择柱状图来完成图形展示。

思政元素导入：　　　　　　　　中国人民生活标准提高

在国内，各种非酒精饮料品种繁多，这是因为我们的生活已不再只满足"解渴"需求，而对饮料的口味等有更高的要求，对自身健康更为看重。这是我们在党和国家的领导下，生活标准得到极大提高的表现。

建立 lefttop.js 文件完成柱状图，并展现在大屏左边最上面的容器里。先将要绘制的图形和相应的容器绑定，代码如下：

```
var myCharts = echarts.init(document.querySelector('.panel .bar1'))
```

然后在 option 里完成各种图形配置，代码如下：

```
option = {
    //这里写各种图形的配置代码
        };
```

对于柱状图标题 title 的配置，这里设置一个主标题和一个副标题。代码如下：

```
"title": {
   "text": "非酒精饮料商品数量",
    subtext: "购物篮数据",
    x: "center",
    y: "4%",
    textStyle: {
       color: '#fff',
       fontSize: '18'
             },
      subtextStyle: {
       color: '#fff',
       fontSize: '10',
               },
      },
```

柱状图提示 tooltip 的配置：当鼠标指针浮动在坐标轴上时，会显示相应的数据，同时显示阴影。代码如下：

```
tooltip: {
    //如果触发类型为axis，则当鼠标指针浮动坐标轴上时显示相应的数据
    //如果触发类型为item，则当鼠标指针浮动在柱子上时显示相应的数据
    trigger: 'axis',
    axisPointer: {
        type: 'shadow'  // 默认为直线，可选为'line' 或 'shadow'
    }
},
```

柱状图网格 grid 的配置代码如下：

```
grid: {
    top: '20%',
    right: '3%',
    left: '10%',
    bottom: '10%'
},
```

柱状图的 x 坐标轴 xAxis 的配置：type 为 category，表示为类别型的轴，即采用离散的类别型数据；调用的后端数据为 data.name；设置了坐标轴线、坐标轴文本标签的颜色等。代码如下：

```
xAxis: [{
    type: 'category',
    data: data.name,
    axisLine: {    // 坐标轴线
        lineStyle: {
            color: 'rgba(255,255,255,0.12)'
        }
    },
    axisLabel: {  // 坐标轴文本标签
        margin: 10,
        color: '#e2e9ff',
        textStyle: {
            fontSize: 14
        },
    },
}],
```

柱状图的 y 坐标轴 yAxis 的配置：type 没有设置，默认为 value，表示为数值类型的轴，即采用连续型数据；设置坐标轴线、分隔线的颜色；设置 y 坐标轴名称为商品数等。代码如下：

```
yAxis: [{
    name: '商品数',
    axisLabel: {
```

```
    formatter: '{value}',
    color: '#e2e9ff',
         },
axisLine: {    // 坐标轴线
    show: true,
    lineStyle: { color: 'rgba(255,255,255,1)' }
         },
splitLine: {    // 分隔线
    lineStyle: {
         color: 'rgba(255,255,255,0.5)'
           }
          }
}],
```

柱状图 series 配置项的配置：调用的后端数据为 data.value，这就是柱状图柱子的数据；
"type: 'bar'" 表示要绘制的图形是柱状图。代码如下：

```
series: [{
    type: 'bar',
    data: data.value,
    barWidth: '20px',
    itemStyle: {    //设置图的区域样式
       normal: {
          //渐变色生成器echarts.graphic.LinearGradient
          color: new echarts.graphic.LinearGradient(0, 0, 0, 1, [
             {
             offset: 0,
             color: 'rgba(0,244,255,1)' // 0% 处的颜色
               },
             {
             offset: 1,
             color: 'rgba(0,77,167,1)' // 100% 处的颜色
               }
          ]),
          barBorderRadius: [30, 30, 30, 30],
          shadowColor: 'rgba(0,160,221,1)',
          shadowBlur: 4, }
       }
}]
```

上面的代码用到了渐变色生成器 echarts.graphic.LinearGradient，其中参数说明如下。

前 4 个参数用于配置渐变色的起止位置，这 4 个参数依次对应右、下、左、上 4 个方位。例如，"0 0 0 1"的前 3 个方位数值为 0，第四个方位数值为 1，代表渐变色从正上方开始。offset 代表渐变色的起始位置，如 0 代表在 0%的位置，1 代表在 100%的位置。color 代表颜色，两个颜色就代表了颜色渐变的范围。使用渐变色生成器前后对比如图 1-20 所示。

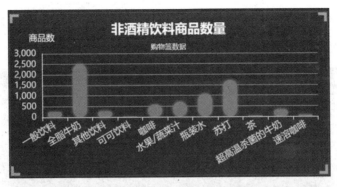

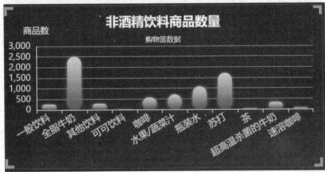

图 1-20　使用渐变色生成器前后对比

另外，绘制图形还需要调用 myCharts.setOption，代码如下：

```
myCharts.setOption(option)
```

柱状图要展现，还必须在 index.html 文件里增加代码（其他 8 个任务均可仿照此来增加代码，只需将 lefttop.js 换成其他任务的 JS 文件名即可），代码如下：

```
<script type="text/javascript">
    //左上柱状图
    document.write("<scr" + "ipt src='js/taskjs/lefttop.js'></scr" + "ipt>");
    //其他8个任务可以仿照此句在这里依次增加代码
</script>
```

柱状图最后呈现的结果如图 1-21 所示。

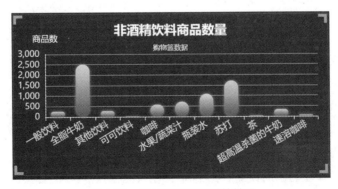

图 1-21　柱状图最后呈现的结果

33

柱状图在页面中的显示结果如图 1-22 所示。每做好一个任务，页面就会多出现一个图形，全部任务做好后，可视化大屏展示就全部完成了。

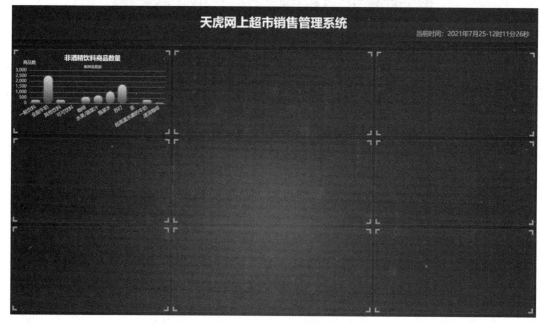

图 1-22　柱状图在页面中的显示结果

1.2.2　任务 2 条形图展示

`任务所需 ECharts 知识点`：条形图的绘制和配置。

因为天虎网上超市销售最多的前十名商品可以让天虎网上超市 CEO 准确了解热销商品的销售情况，以便及时做出进货等决策，所以本任务是展示购物篮中数量排名前十的商品。经项目组讨论，认为条形图每根条形柱子的长短可以很清楚地反映各热销商品的销售情况，因此本任务选择条形图来完成图形展示。

`思政元素导入`：　　　　　　　　　　　　环保

购物篮中塑料袋的购买数量同以往相比急剧减少，体现了我国在环保工作上的巨大努力。为了给子孙后代留下一个美好的环境，党和国家带领我们不断努力。

建立 leftcenter.js 文件完成条形图，并展现在大屏左边的中间容器里。先将要绘制的图形和相应的容器绑定，代码如下：

```
var myCharts = echarts.init(document.querySelector('.panel .bar2'))
```

然后在 option 里完成各种图形配置，代码如下：

```
option = {
    //这里写各种图形的配置代码
};
```

对于条形图标题 title 的配置，这里设置一个主标题和一个副标题。代码如下：

```
title: {
    text: "数量前十的商品",
    subtext: "购物篮数据",
    x: "center",
    y: "4%",
    textStyle: {
        color: '#fff',
        fontSize: '18'
            },
    subtextStyle: {
        text: "购物篮数据",
        color: '#90979c',
        fontSize: '10',
                },
},
```

条形图提示 tooltip 的配置：当鼠标指针浮动在坐标轴上时，显示相应的数据，同时显示阴影。代码如下：

```
tooltip: {
    trigger: 'axis',
    axisPointer: { type: 'shadow'    }
        },
```

条形图网格 grid 的配置代码如下：

```
grid: {
    top: '20%',
    right: '3%',
    left: '15%',
    bottom: '10%'
        },
```

条形图的 x 坐标轴 xAxis 的配置：将 type 设置为 value，表示为数值类型的轴，即采用连续型数据；将后端数据中的最小值作为坐标轴的开始，将最大值作为结束。代码如下：

```
xAxis: [{
    type: 'value',
    //最小值
    min: function (value) {
            return value.min;
                    },
```

```
    //最大值
max: function (value) {
        return value.max;
            }
}],
```

条形图的 y 轴 yAxis 的配置：type 为 category，表示为类别型的轴，即采用离散的类别型数据；调用的后端数据为 data.name；设置 y 坐标轴名称为商品数。代码如下：

```
yAxis: [{
    type: 'category',
    name: '商品数',
    data: data.name,
        }],
```

条形图 series 配置项的配置：调用的后端数据为 data.value，这就是条形图柱子的数据；"type: 'bar'"表示要绘制的图形是柱状图，条形图实际上是柱状图的一种，因此其类型也是 bar；配置了渐变色生成器。代码如下：

```
series: [{
  type: 'bar',
  data: data.value,
  barWidth: '10px',
  itemStyle: {
    normal: {
      color: new echarts.graphic.LinearGradient(0, 0, 0, 1, [
        {
        offset: 0,
        color: 'rgba(0,244,255,1)' // 0%处的颜色
        },
        {
        offset: 1,
        color: 'rgba(0,77,167,1)' // 100%处的颜色
        }
      ]),
      barBorderRadius: [30, 30, 30, 30],
      shadowColor: 'rgba(0,160,221,1)',
      shadowBlur: 4,
    }
  }
}]
```

条形图也一样需要调用 myCharts.setOption 及在 index.html 文件里增加代码，可以仿照任务 1 来完成。

条形图最后呈现的结果如图 1-23 所示。

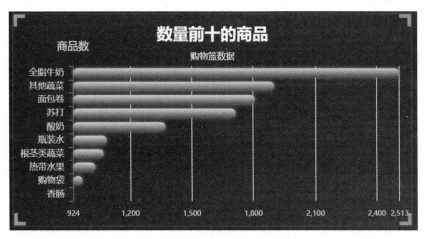

图 1-23 条形图最后呈现的结果

1.2.3 任务 3 瀑布图展示

任务所需 ECharts 知识点：瀑布图的绘制和配置。

因为展示超市全部商品类型在购物篮中出现的商品总数量能方便天虎网上超市 CEO 更直观地了解超市的基本情况，所以本任务是展示全部商品类型及所属的商品总数量。经项目组讨论，认为瀑布图的瀑布可以很清楚地反映各商品类型的销售情况及它们之间的区别，因此本任务选择瀑布图来完成图形展示。

思政元素导入：

中国人民的购买能力增强

在国内，各种商品类型繁多，这是因为中国人民的购买能力大大增强。勤奋的中国人民不断地努力，中国人民的生活会越来越好，有能力买的商品会越来越多。

建立 leftbottom.js 文件完成瀑布图，并展现在大屏左边最下面的容器里。先将要绘制的图形和相应的容器绑定，代码如下：

```
var myeCharts = echarts.init(document.querySelector('.panel .bar3'))
```

然后在 option 里完成各种图形配置，代码如下：

```
option = {
    //这里写各种图形的配置代码
        };
```

瀑布图 title 的配置：这里设置一个主标题，并对其颜色、位置进行设置。代码如下：

```
title: {
    text: '购物篮中商品种类',
    x: "center",
```

```
        textStyle: {   color: '#ffffff' }
        },
```

瀑布图 tooltip 的配置：当鼠标指针浮动在坐标轴上时，显示相应的数据，同时显示阴影；使用 formatter 格式化方法显示自定义内容。代码如下：

```
tooltip: {
    trigger: 'axis',
    axisPointer: {                // 坐标轴指示器，坐标轴触发有效
        type: 'shadow'            // 默认为直线，可选为'line' 或 'shadow'
                },
    formatter: function (params) {
        var tar = params[1];
        return tar.name + '<br/>' + tar.seriesName + ' : ' + tar.value;
    }
},
```

瀑布图网格 grid 的配置代码如下：

```
grid: {
    left: '3%',
        right: '4%',
        bottom: '3%',
        containLabel: true
    },
```

瀑布图的 x 轴 xAxis 的配置：type 为 category，表示为类别型的轴，即采用离散的类别型数据；调用的后端数据为 data.name；设置了坐标轴线、坐标轴文本标签的颜色等。代码如下：

```
xAxis: [{
    type: 'category',
    splitLine: {show: false},
    data: data.name,
    axisLine: {
        lineStyle: {
            color: 'rgba(255,255,255,0.12)'
                }
            },
    axisLabel: {
        margin: 10,
        color: '#e2e9ff',
        rotate:45,
        textStyle: { fontSize: 15 },
    },
}],
```

瀑布图的 y 轴 yAxis 的配置：将 type 设置为 value，表示为数值类型的轴，即采用连续型数据。代码如下：

```
yAxis: {
    type: 'value'
},
```

瀑布图 series 配置项的配置：调用的后端数据为 data.value 和 data.value2。其中，data.value2 数据是瀑布图形成瀑布的关键数据，这个值相当于将原有柱子托起的高度，也可理解为瀑布下隐藏的柱子；"type: 'bar'"表示要绘制的图形是柱状图，瀑布图实际上也是一种特殊的柱状图，因此其类型也是 bar。代码如下：

```
series: [
    //这里设置的是瀑布下隐藏的柱子
    {
    name: '辅助',
    type: 'bar',
    stack: '总量',//一定要设置stack，瀑布图是堆叠柱状图的一种
    itemStyle: {
        //下面两行颜色透明，表示看不到柱子
        barBorderColor: 'rgba(0,0,0,0)',
        color: 'rgba(0,0,0,0)'
    },
    emphasis: {
        itemStyle: {
            barBorderColor: 'rgba(0,0,0,0)',
            color: 'rgba(0,0,0,0)'
        }
    },
    data: data.value2
    },
    {
    name: '销售数量',
    type: 'bar',
    stack: '总量',  //一定要设置stack，瀑布图是堆叠柱状图的一种
    label: {
        show: true,
        position: 'inside'
            },
    data: data.value
    }
]
```

瀑布图也一样需要调用 myCharts.setOption 及在 index.html 文件里增加代码，可以仿照任务 1 来完成。

瀑布图最后呈现的结果如图 1-24 所示。

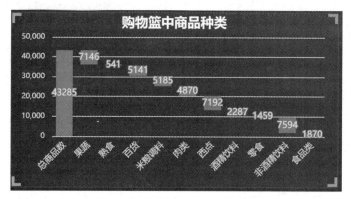

图 1-24　瀑布图最后呈现的结果

这里特别将上面 series 配置项的配置代码中的"name: '辅助'"此行下面的颜色改成蓝色，代码如下：

```
itemStyle: {
    //下面两行颜色改为蓝色
    barBorderColor: 'blue',
    color: 'blue'
},
```

此时就可以看到隐藏的柱子，这就是瀑布图的"真相"，如图 1-25 所示。

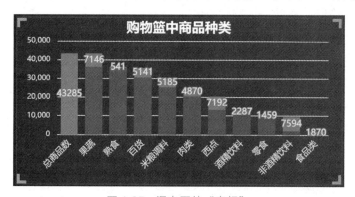

图 1-25　瀑布图的"真相"

1.2.4　任务 4 折线图展示

任务所需 ECharts 知识点：折线图的绘制和配置。

因为展示超市滞销商品类型能有效帮助天虎网上超市 CEO 确认超市目前销售不利的短板，从而快速准确地做出有针对性的决策，所以本任务是展示滞销商品类型。经项目组讨论，认为折线图的"折线"可以很清楚地反映各滞销商品类型的销售情况，因此本任务选择折线图来完成图形展示。

思政元素导入：　　　　　　　　　　　　　　工匠精神

绘制图形的配置项有很多，每个图形有很多相似的地方，也有很多细微不同的地方。深刻认识工匠精神，耐心细致地编写代码，可视化开发才能成功。

建立 centertop.js 文件完成折线图，并展现在大屏中间最上面的容器里。先将要绘制的图形和相应的容器绑定，代码如下：

```
var myeCharts = echarts.init(document.querySelector('.panel .line1'))
```

然后在 option 里完成各种图形配置，代码如下：

```
option = {
    //这里写各种图形的配置代码
        };
```

折线图标题 title 的配置：这里设置了文本和颜色。代码如下：

```
title: {
    text: '滞销商品类型',
    textStyle: {    color: 'white'          }
},
```

折线图提示 tooltip 的配置：当鼠标指针浮动在折线的"折点"上时，显示相应的数据。代码如下：

```
tooltip: {
    trigger: 'item'
},
```

折线图图例 legend 的配置：这里设置了一个名为数量的图例及其颜色。代码如下：

```
legend: {
    data: ['数量'],
    textStyle: {    color: 'white'          }
},
```

折线图网格 grid 的配置：设置 grid 区域包含坐标轴的刻度标签，如果不包含，那么坐标轴会显示不全。代码如下：

```
grid: {
    left: '3%', //控制左边距离，如果设置为center，则为居中（left:'center'）
    right: '4%', //控制右边距离，如果设置为center，则为居中（right:'center'）
    bottom: '3%',//控制底部距离，top参数用于控制顶部距离
    //containLabel参数：指的是grid 区域是否包含坐标轴的刻度标签，默认不包含
    containLabel: true,
},
```

折线图的 x 坐标轴 xAxis 的配置：type 为 category，表示为类别型的轴，即采用离散的类别型数据；调用的后端数据为 data.name；设置了文本标签的颜色等。代码如下：

```
xAxis: {
    type: 'category',
```

```
boundaryGap: false,//// 类目起始和结束两端空白策略
data: data.name,
axisLabel: {
    show: true,
    textStyle: {        color: '#fff'        }
}
},
```

折线图的 y 轴 yAxis 的配置：将 type 设置为 value，表示为数值类型的轴，即采用连续型数据；设置了文本标签的颜色等。代码如下：

```
yAxis: {
    type: 'value',
    axisLabel: {
        show: true,
        textStyle: {        color: '#fff'        }
    }
},
```

折线图 series 配置项的配置：调用的后端数据为 data.value；"type: 'line'" 表示要绘制的图形是折线图，折线图实际上很多时候可以直接换成柱状图，只需把 line 换成 bar 即可，反之亦然。代码如下：

```
series: [{
    name: '数量',
    type: 'line',
    data: data.value
}]
```

折线图也一样需要调用 myCharts.setOption 及在 index.html 文件里增加代码，可以仿照任务 1 来完成。

折线图最后呈现的结果如图 1-26 所示。

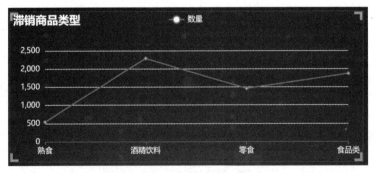

图 1-26　折线图最后呈现的结果

1.2.5　任务 5 雷达图展示

任务所需 ECharts 知识点： 雷达图的绘制和配置。

因为熟食商品大多质保期很短，超市需要及时地了解熟食商品的销售情况，以便及时地对熟食商品进行相应的处理，所以本任务是展示熟食商品的销售情况。经项目组讨论，认为雷达图的"雷达"可以很清楚地反映各熟食商品的销售情况，因此本任务选择雷达图来完成图形展示。

思政元素导入：　　　　　　　　　　　　　**职业精神**

熟食商品的出现给我们的生活带来了便利，其质量要求必须十分严苛，这关乎食品安全和人们的身体健康。因此，从业人员必须有很强的职业精神和职业操守。

建立 centercenter.js 文件完成雷达图，并展现在大屏中间的中间容器里。先将要绘制的图形和相应的容器绑定，代码如下：

```
var myeCharts = echarts.init(document.querySelector('.panel .radar'))
```

然后在 option 里完成各种图形配置，代码如下：

```
option = {
    //这里写各种图形的配置代码
        };
```

雷达图线颜色配置的代码如下：

```
color: ['#FFD700'],//绘制雷达线的颜色
```

雷达图提示 tooltip 的配置：当鼠标指针浮动在雷达线上时，显示相应的数据。代码如下：

```
tooltip: {
    trigger: 'item'
},
```

雷达图图例 legend 的配置代码如下：

```
legend: {
    right: '0',
    top: '10',
    data: ['商品数'],
    textStyle: { color: 'white' }
},
```

雷达图标题 title 的配置代码如下：

```
title: {
    text: '熟食中各商品数量',
    textStyle: { color: 'white' }
},
```

雷达图 radar 的配置：调用的后端数据为 data.name。代码如下：

```
radar: {        indicator: data.name        },
```

雷达图 series 配置项的配置：调用的后端数据为 data.value，"type: 'radar'"表示要绘制的图形是雷达图。代码如下：

```
series: [{
    name: '商品数',
    type: 'radar',
    data: [{
        value: data.value,
        name: '商品数'
        }]
}]
```

雷达图也一样需要调用 myCharts.setOption 及在 index.html 文件里增加代码，可以仿照任务 1 来完成。

雷达图最后呈现的结果如图 1-27 所示。

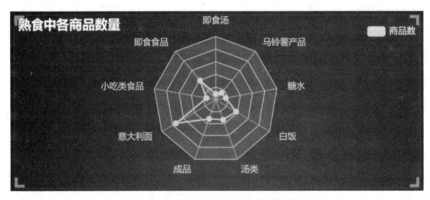

图 1-27　雷达图最后呈现的结果

1.2.6　任务 6 玫瑰图展示

任务所需 ECharts 知识点： 玫瑰图的绘制和配置。

农副产品是人民生活的必需品，需求量很大，因此它的销量可以有很大的提升空间。天虎网上超市 CEO 需要及时了解所有农副产品的销售情况，以便及时地对农副产品做出有针对性的决策，因此，本任务是展示农副产品的销售情况。经项目组讨论，认为玫瑰图可以很清楚地反映各农副产品的销售情况，因此本任务选择玫瑰图来完成图形展示。

思政元素导入： 　　　　　　　　　　保障民生

党和国家为了保障民生，从"保供应""畅流通""稳价格" 3 方面保证农副产品的销售。有强大的祖国做后盾，我们的生活才有保障。

建立 centerbottom.js 文件完成玫瑰图，并展现在大屏中间最下面的容器里。先将要绘制的图形和相应的容器绑定，代码如下：

```
var myeCharts = echarts.init(document.querySelector('.panel .pie1'))
```

然后在 option 里完成各种图形配置，代码如下：

```
option = {
    //这里写各种图形的配置代码
       };
```

玫瑰图提示 tooltip 的配置：当鼠标指针浮动在扇区上时，显示相应的数据；使用 formatter 格式化方法显示自定义内容。代码如下：

```
tooltip: {
    trigger: 'item',
    formatter: '{a} <br/>{b} : {c} ({d}%)'
},
```

玫瑰图图例 legend 的配置代码如下：

```
legend: {
    top: 'bottom',
    textStyle: {    color: 'white'    }
},
```

玫瑰图标题 title 的配置代码如下：

```
title: {
    text: '购物篮中农副产品',
    textStyle: {    color: 'white'    }
},
```

玫瑰图 series 配置项的配置：调用的后端数据为 data.data；"type: 'pie'"表示要绘制的图形是饼图，玫瑰图实际上是饼图的一种特殊图形。代码如下：

```
series: [{
    name: '商品数',
    type: 'pie',
    radius: ['20%', '60%'], // 全局所在位置
    center: ['50%', '50%'],
    roseType: 'area',
    itemStyle: {    borderRadius: 8    },
    data: data.data
}]
```

玫瑰图也一样需要调用 myCharts.setOption 及在 index.html 文件里增加代码，可以仿照任务 1 来完成。

玫瑰图最后呈现的结果如图 1-28 所示。

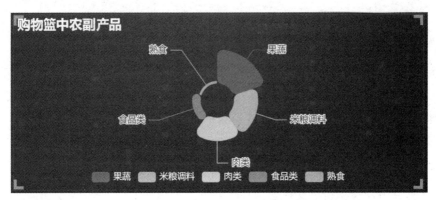

图 1-28　玫瑰图最后呈现的结果

1.2.7　任务 7 环形图展示

任务所需 ECharts 知识点：环形图的绘制和配置。

因为商品种类最多的商品类型的商品实际上存在着一定的竞争关系，所以天虎网上超市 CEO 需要及时地了解商品种类最多的商品类型的销售情况，以便决定是否减少一些销售额不高的商品，提高商品类型的整体销售额，因此，本任务是展示商品种类最多的商品类型。经项目组讨论，认为环形图可以很清楚地反映各商品种类最多的商品类型的情况，因此本任务选择环形图来完成图形展示。

思政元素导入：　　　　　　　　　　　　　编码规范

环形图里的代码比较多，也有很多嵌套的代码，必须耐心细致地按照不同层次来编写代码，缩进错落有致。严守编码规范，不仅会减少代码错误，还能提高代码的可读性。

建立 righttop.js 文件完成环形图，并展现在大屏右边最上面的容器里。先将要绘制的图形和相应的容器绑定，代码如下：

```
var myeCharts = echarts.init(document.querySelector('.panel .pie2'))
```

然后在 option 里完成各种图形配置，代码如下：

```
option = {
    //这里写各种图形的配置代码
     };
```

环形图提示 tooltip 的配置代码如下：

```
tooltip: {
    trigger: 'item',
    formatter: '{a} <br/>{b} : {c} ({d}%)'
},
```

环形图图例 legend 的配置：这里设置了一个"scroll"，当图例过多时，可以分页显示。代码如下：

```
legend: {
    type: 'scroll',           //分页类型
    orient: 'vertical',       //垂直显示
    y: 'center',              //垂直居中显示
    x: 'right',               //水平居右显示
    textStyle: {
        color: 'white',
        fontSize:12,
    }
},
```

环形图标题 title 的配置：调用的后端数据为 data.name，这里之所以要在标题里调用后端数据，是因为商品种类最多的商品类型是经过后端计算得出的。代码如下：

```
title: {
    text: '商品种类最多的商品类型:' + data.name,
    textStyle: {    color: 'white'    }
},
```

环形图 series 配置项的配置：调用的后端数据为 data.data；"type:'pie'"表示要绘制的图形是饼图，环形图实际上也是饼图的一种特殊图形。代码如下：

```
series: [{
    name: '商品数',
    type: 'pie',
    radius: ['40%', '70%'],
    center: ['40%', '55%'],
    avoidLabelOverlap: false,
    label: {
        show: false,
        position: 'center'
            },
    emphasis: {
        label: {
            show: true,
            fontSize: '40',
            fontWeight: 'bold'
        }
    },
    labelLine: {
        show: false
    },
    data: data.data
}]
```

环形图也一样需要调用 myCharts.setOption 及在 index.html 文件里增加代码，可以仿照

任务 1 来完成。

环形图最后呈现的结果如图 1-29 所示。

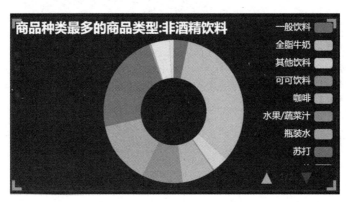

图 1-29　环形图最后呈现的结果

1.2.8　任务 8 旭日图展示

任务所需 ECharts 知识点： 旭日图的绘制和配置。

因为米粮调料和果蔬的很多商品都需要保持新鲜才好出售，天虎网上超市 CEO 需要及时地了解米粮调料和果蔬的情况，以便及时做出决策，所以本任务是展示米粮调料和果蔬的销售情况。经项目组讨论，认为旭日图可以很清楚地反映米粮调料和果蔬各商品的销售情况，因此本任务选择旭日图来完成图形展示。

思政元素导入： "菜篮子工程"

为缓解我国副食品供应偏紧的问题，农业部（现为农业农村部）于 1988 年提出建设"菜篮子工程"。保证人们一年四季都有新鲜蔬菜吃。"菜篮子"产品持续快速增长，从根本上扭转了我国副食品供应长期短缺的局面，几乎所有"菜篮子"产品的人均占有量均已达到或超过世界人均水平。

注：本部分内容出自《国务院办公厅关于统筹推进新一轮"菜篮子"工程建设的意见》（国办发〔2010〕18 号）。

建立 rightcenter.js 文件完成旭日图，并展现在大屏右边中间的容器里。先将要绘制的图形和相应的容器绑定，代码如下：

```
var myCharts = echarts.init(document.querySelector('.panel .sunburst'))
```

然后在 option 里完成各种图形配置，代码如下：

```
option = {
```

```
//这里写各种图形的配置代码
    };
```

旭日图网格 grid 的配置代码如下：

```
grid:{
    top:'15%',
    bottom:'10%',
    left:'5%',
    right:'5%',
},
```

旭日图标签 label 的配置：这里设定标签颜色为黑色。代码如下：

```
label: {
    color: '#000',
},
```

旭日图标题 title 的配置代码如下：

```
title: {
    text: '米粮调料和果蔬',
    textStyle: {    color: '#ffffff'    }
},
```

旭日图 emphasis 配置项的配置：当选中相应选项时，会以红色突出显示。代码如下：

```
emphasis: {
    itemStyle: {
        color:'red'
    },
},
```

旭日图 series 配置项的配置：调用的后端数据为 data.data，"type: 'sunburst'"表示要绘制的图形是旭日图。代码如下：

```
series: {
    type: 'sunburst',
    data: data.data,
    radius: [0, '90%'],
    voidLabelOverlap: true,
    label: {
        rotate: 'radial',
        minAngle:6,//如果扇区过小，就不显示字
    },
},
```

旭日图也一样需要调用 myCharts.setOption 及在 index.html 文件里增加代码，可以仿照任务 1 来完成。

旭日图最后呈现的结果如图 1-30 所示。

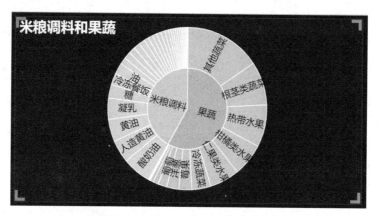

图 1-30　旭日图最后呈现的结果

1.2.9　任务 9 树图展示

任务所需 ECharts 知识点：树图的绘制和配置。

因为很多即食商品的质保期短、卫生要求高，天虎网上超市 CEO 需要及时地了解即食商品有哪些，以便及时做出决策，所以本任务是展示即食商品的销售情况。经项目组讨论，认为树图可以很清楚地反映即食商品的全部商品，因此本任务选择树图来完成图形展示。

思政元素导入：　　　　　　　　　　严谨、求实的职业素养

ECharts 旭日图和树图都有很多层，需要耐心细致地构建。在本项目中，完成旭日图和树图的绘制，无形中锻炼和培养了程序员必备的严谨、求实的职业素养。

建立 rightbottom.js 文件完成树图，并展现在大屏右边最下面的容器里。先将要绘制的图形和相应的容器绑定，代码如下：

```
var myCharts = echarts.init(document.querySelector('.panel .tree'))
```

然后准备在 myeCharts.setOption 的 option 里分别进行树图的各种配置。注意：因为这里已经使用了 myeCharts.setOption，所以代码最后不必再调用 setOption。代码如下：

```
myeCharts.setOption(option = {
    //这里写各种配置代码
}};
```

树图图例 tooltip 的配置代码如下：

```
tooltip: {
    trigger: 'item',
    triggerOn: 'mousemove'
},
```

树图标题 title 的配置代码如下：

```
title: {
    text: '即食商品类型',
    textStyle: {    color: '#ffffff'    }
},
```

树图 series 配置项的配置：调用的后端数据为 data.data，"type:'tree'" 表示要绘制的图形是树图，代码如下：

```
series: [{
    type: 'tree',
    data: data.data,
    top: '8%',
    left: '13%',
    bottom: '5%',
    right: '19%',
    roam:true,
    symbolSize: 5,
    initialTreeDepth:1,
    label: {
        normal: {
            position: 'right',
            fontStyle:'normal', //文字字体的风格，可选'normal', 'italic', 'oblique'
            //标签垂直对齐方式，可以设置为'top', 'middle', 'bottom'
            verticalAlign: 'middle',
            //文字水平对齐方式，默认自动，可选'left', 'center', 'right'
            align: 'right',
//字体可选'serif', 'monospace', 'Arial', 'Courier New', 'Microsoft YaHei', '宋体'
            fontFamily : '宋体',
            fontSize: 15,
            //字体加粗，其他可选'normal', 'bold', 'bolder', 'lighter'
            fontWeight: 'bolder',
            color: "white"
        }},
    leaves: {
        label: {
            position: 'right',
            verticalAlign: 'middle',
            align: 'left',
            rotate: 0,
            fontSize: 12,
            fontFamily : '宋体',
            }
        },
    emphasis: { focus: 'descendant' },
    expandAndCollapse: true,
    animationDuration: 550,
    nimationDurationUpdate: 750
}]
```

树图也需要在 index.html 文件里增加代码,可以仿照任务 1 来完成。

树图最后呈现的结果如图 1-31 所示。

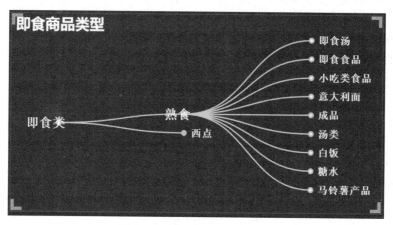

图 1-31　树图最后呈现的结果

【项目总结】

1. 完成可视化大屏

完成了前端开发以后,可以通过诸如 Tomcat 这样的 Web 应用服务器将前端发布到云服务器上,这样就可以通过 IP 或域名访问可视化大屏。本项目最后实现的可视化大屏效果如图 1-32 所示。注意:要保持后端 Flask 服务运行并能从后端获取数据。

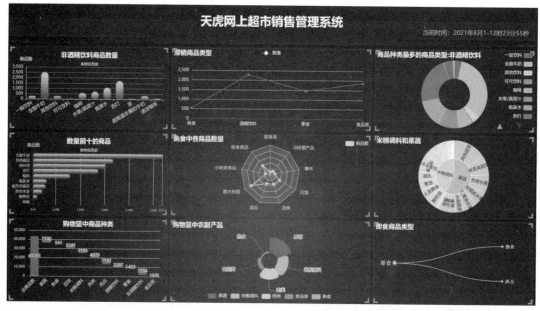

图 1-32　本项目最后实现的可视化大屏效果

2. 项目重/难点

本项目的重点为掌握 ECharts 柱状图、条形图、瀑布图、折线图、雷达图、玫瑰图、环形图、旭日图、树图的配置和绘制。其中的难点在于如何在后端处理好相应图形的数据并提供给前端使用。

本项目作为一个完整的 ECharts 大数据可视化技术开发项目，从可视化布局、前端开发和后端开发 3 个开发阶段向读者展示了如何利用可视化技术完成项目的基本做法。

需要注意的是，项目里的做法并非都是最优的。例如，后端里的每个任务都用一个函数来处理数据，但有些函数的相似度很高，如 h_task8 和 h_task9，这样的情况可以优化为用公用函数来完成相同部分，实现减少代码量和提高代码复用性的代码优化；前端用 Vscode 直接写 HTML 代码等来实现，也可以优化为用 Vue 等主流框架来开发。限于本书重点在 ECharts 知识技能点等的考虑，本项目没有采用这些做法，读者可以自行优化，以便更好地提升项目开发能力。

【对接岗位】

本项目对应的就业岗位是大数据可视化开发工程师，做完本项目，可以掌握该岗位所要求的部分可视化技能知识，如表 1-3 所示。

表 1-3　大数据可视化开发工程师岗位要求

岗　　位	主要业务工作	所　需　技　能	已掌握岗位技能
大数据可视化开发工程师	数据可视化开发、撰写可视化分析报告	数据可视化开发	ECharts 部分图形的配置和绘制、大屏布局、后端开发

项目 二

水果销售管理系统

【项目背景】

　　众所周知，我国不仅是水果种植大国，还是水果消费强国。数据显示，近几年，我国水果产量不断增加，陕西、云南和广东等省的水果种植面积超过 1000 万亩（1 亩约为 666.67m²）；同时，进口水果的贸易额也在不断提高。改革开放以后，国内消费者生活水平不断提高，水果销售的种类和数量也不断增加，现在广大消费者更重视的是水果品质和购买环境。

　　随着水果销售逐步从数量型转向质量型，国内销售水果的全国性连锁卖场越来越多，目前就有大润发超级市场大卖场、物美超市、华联生鲜超市、盒马鲜生、苏宁易购生鲜等。

课程思政：
全面小康

　　改革开放以来，我国经济不断发展，人们的生活越过越好，质量不断提高。党的十八大报告首次正式提出全面"建成"小康社会，现在已经实现。

　　全面建成小康社会，让中国社会主义现代化站上历史新起点，走出了一条中国特色现代化道路；全面建成小康社会归根结底是为了实现人们对美好生活的向往，让人们拥有更多获得感、幸福感、安全感。

　　全面建成小康社会，人们的生活有了翻天覆地的变化。例如，曾经是大众消费品的水果现在已是人们的生活必需品，而且很多年轻女性吃水果更多的是从美容、健康的角度出发。人们生活的巨大变化证明：只有坚持中国共产党的领导，才能让中国经济不断飞速发展。

　　水果现在是国内许多大型连锁卖场的重要商品。卖场要为全国各地的消费者提供新鲜的水果，并快速处理出现的问题，此时就必须深入了解各卖场的水果销售情况并做到及时监测。

在大数据时代，大数据分析对于水果卖场能否达到这个要求起着重要作用。例如，可以展示全国各省卖场的销售情况，可以展示销售额排名前列的水果产品、水果各种类的销售情况，可以了解和监控客单数与销售额等关键数据，可以了解和监控会员数的变化情况。

因此，要及时监测卖场销售水果的情况，就必须从卖场数据着手，找专业的可视化工程师将水果销售情况可视化，通过数据指导行动，帮助卖场提升业务能力。

本项目因此背景而展开，接到任务的项目研发人员根据项目需求进行分析后，决定采用 ECharts 大数据可视化技术来完成任务。

【项目目标】

1. 知识技能目标

通过本项目的学习，不仅能对大数据可视化技术在实际中的应用有一个整体的了解和掌握，还能为从事大数据可视化相关工作岗位积累可视化项目研发经验。

具体需要实现的知识技能目标如下。

（1）能熟练使用 Vscode、PyCharm 等开发软件。

（2）能熟练使用 HTML、CSS 和 JavaScript 等开发技术，并能完成可视化大屏布局设计。

（3）能熟练使用 Python 技术，并能完成数据接口的实现。

（4）能熟练使用 Flask 框架。

（5）能熟练进行 ECharts 散点图、词云图、关系图、箱线图、地图、气泡图、异型柱状图、仪表图、折线图的配置和绘制，并能实现后端数据在前端页面的展示。

2. 课程思政目标

本项目在水果卖场发展背景中自然融入全面建成小康社会的课程思政元素，提高读者对我国建设小康社会的了解，提升读者对国内经济迅猛发展、生活质量得到巨大提高的自豪感，使读者能以国为荣、以党为荣。

本项目仿照企业工作的方式进行项目开发。在整个开发过程中，每个项目组成员都可以熟悉企业的工作方式，按企业开发项目的标准在规定时间内采用团队的模式分工合作，以企业客户认可的交付标准来实现项目。使得读者通过项目实践提高专业技术、锻炼团队协作能力与沟通能力、增强团队精神。

本项目在阶段任务中还有许多不同的思政元素的导入，具体需要实现的课程思政目标包括全面建成小康社会、中国特色社会主义经济、团队精神、精益求精、爱岗敬业、廉洁自律、遵纪守法、奋斗精神。

3. 创新创业目标

通过本项目的学习，能让读者掌握在实际工作中利用 ECharts 数据可视化技术完成所要求的可视化展示，提高读者对大数据可视化技术的应用能力，让读者了解大数据可视化开发岗位，增强读者的职业信心和利用大数据可视化技术创新创业的自信心。

通过对水果销售情况的可视化展示，读者能够掌握连锁卖场销售水果的基本要素，从而在未来创新创业时具备销售能力、经营卖场的能力及线上管理卖场的能力。

具体需要实现的创新创业目标包括 ECharts 大数据可视化技术在创新创业中解决实际问题的能力、组织和领导团队协作的能力、线上管理企业的能力、经营卖场的能力、销售能力。

4. 课证融通目标

通过本项目的学习，读者可以掌握部分《大数据应用开发（Python）职业技能等级标准（2020 年 1.0 版）》初级"3.3 数据可视化"的能力，以及部分《大数据应用开发（Python）职业技能等级标准（2020 年 1.0 版）》中级"3.3 数据可视化"的能力。

具体需要实现的初级课证融通目标如下。

掌握"3.3.1 能够根据业务需求，选择数据可视化工具"的部分能力；掌握"3.3.2 能够根据业务需求，使用数据可视化工具对数据进行基本的操作与配置"的能力；掌握"3.3.3 能够根据业务需求，绘制基础的可视化图形"的部分能力；掌握"3.3.4 能够根据业务需求，辅助业务人员完成数据可视化大屏"的能力。

具体需要实现的中级课证融通目标如下。

掌握"3.3.1 能够根据业务需求使用数据可视化工具将数据以图表的形式进行展示"的能力；掌握"3.3.2 能够根据业务需求，在业务主管的指导下根据数据分析可视化结果，形成有效的数据分析报告"的部分能力；掌握"3.3.3 能够通过数据分析可视化结果，得出有效的分析结论"的部分能力；掌握"3.3.4 能够根据业务需求，实现数据可视化大屏设计"的能力。

 【数据说明】

本项目提供了 3 个 xls 数据文件："水果卖场销售数据.xls""水果卖场会员数据.xls""水果卖场产品销量数据.xls"，数据具体说明如表 2-1～表 2-3 所示。注意：日商=销售额/门店数。

表 2-1　水果卖场销售数据

字　　段	类　　型	描　　述
卖场名称	字符串	卖场的名称
省份	字符串	省份的名称
月份	字符串	年月份
门店数	数值型	门店数量

续表

字　段	类　型	描　述
销售	数值型	销售额就是 SALES，SALES/TC=AC，单位：万元
TC	数值型	客单数，不一定是来客数，每单不一定是 1 个人
AC	数值型	平均客单交易额，单位：万元
销售预算	数值型	销售额预算，单位：万元
TC 预算	数值型	客单数预算，单位：万元
month	字符串	月份

表 2-2　水果卖场会员数据

字　段	类　型	描　述
卖场名称	字符串	卖场的名称
区域	字符串	全国或省份的名称
月份	字符串	年月份
会员增加数	数值型	卖场的会员数
month	字符串	月份

表 2-3　水果卖场产品销量数据

字　段	类　型	描　述
卖场名称	字符串	卖场的名称
省份名称	字符串	省份的名称
月份	字符串	年月份
产品名称	字符串	产品名称
产品分类	字符串	产品所属的类别
销量	数值型	产品的销量，单位为斤
month	字符串	月份

【项目分析】

1. 需求分析

国内现在许多大型连锁卖场都将水果作为卖场的重要商品。卖场 CEO 想每天都为全国各地的消费者提供新鲜水果并能快速处理出现的问题，因此，必须深入了解卖场的水果销售情况并进行实时监测。为了达到这个目的，需要将水果卖场销售情况可视化，利用数据指导决策，让决策更有针对性（卖场能提供经营数据）。

经过实际调研后，发现卖场决策层为了能做出有针对性的决策，希望了解全国各省卖场的销售情况、排名前列水果产品销售额、水果种类的销售额、客单数和销售额等关键数据、会员数的变化情况等。

根据调研结果和卖场提供的数据，项目组决定采用大数据可视化技术完成项目，并将本项目的图形展示分解为 8 个任务，每个任务均选择合适的展示图形。当然，合适的展示图形并不唯一，读者也可以在做完本项目后根据自己的理解选择图形。本项目的 8 个任务如表 2-4 所示。

表 2-4　本项目的 8 个任务

任　　务	具 体 内 容
任务 1	子任务 1：利用散点图展示当前卖场各省商品销量
	子任务 2：利用词云图展示当前卖场全国商品销量
任务 2	利用关系图展示当前卖场的水果和所属科目的关系
任务 3	子任务 1：利用"大"箱线图展示全部卖场销售预算的情况
	子任务 2：利用"小"箱线图展示当前卖场销售预算的情况
任务 4	利用数据显示展示当前卖场的关键数据
任务 5	利用地图展示当前卖场各省总销量和门店平均销量
任务 6	子任务 1：利用气泡图展示当前卖场各省分科销量
	子任务 2：利用异型柱状图展示当前卖场全国分科销量
任务 7	利用仪表图展示当前卖场销量占全部卖场总销量的比重
任务 8	利用折线图展示当前卖场每月增加的会员人数

2．技术分析

经过集体研讨，项目组根据自身技术优势及项目要求，决定采用 ECharts 大数据可视化技术。项目开发采用当前较主流的前后端分离的方式：后端用 PyCharm 工具搭建 Flask 框架，然后利用 Python 技术完成数据清洗、数据制作，最终形成数据接口；前端用 Vscode 工具完成可视化大屏布局，用 ECharts 技术完成图形展示；前后端只通过数据接口交互。采用这种方式开发的好处是：前后端并行开发，加快项目开发速度；代码结构清晰，容易维护。

 【开发环境】

1．选择开发环境

经调研发现，各大卖场平时所用均为 Windows 10 操作系统，因此项目组决定在 Windows 10 操作系统上开发本项目。前端开发使用的工具为 Vscode 1.57.1，后端开发使用的工具为 PyCharm 专业版 2020.2。

2．安装开发工具

前端开发工具 Vscode 和后端开发工具 PyCharm 的安装可以扫描二维码查看。

 【后端开发】

本项目采用前后端分离的方式进行开发，前端在展示图形时需要从后端获取数据，但是

前端并不需要了解后端产生数据的细节，只需通过后端提供的数据接口获得数据即可。因此，后端除了处理好数据，还必须提供数据接口供前端访问。这里需要特别指出的是，因为本项目涉及的数据量并不是很大，所以数据接口直接采用网页的形式展示以方便前端查看。

首先在 PyCharm 里面创建 Flask 项目，具体创建过程可以扫描二维码查看。建立好项目后，其初始目录结构如图 2-1 所示。

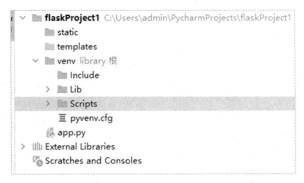

图 2-1 Flask 项目的初始目录结构

接下来在项目所在的目录里新建各种需要的文件：项目所用的源数据为 3 个 xls 文件，在项目根目录里新建一个 data 目录，将源数据文件放在该目录里；在项目根目录里新建一个 get_data_fruit.py 文件，用来处理数据；在项目的 templates 目录里新建一个 data_api.html 文件，用来创建数据接口页面；在项目的根目录里创建一个配置文件 settings.py；在项目的 static 目录里新建一个 js 目录，将后端项目所需的 jquery.js 文件放在此目录中。

项目所需 PyCharm 插件有 pandas、xlrd 和 flask-cors，可以先行安装。做好项目的准备工作后，项目的目录结构如图 2-2 所示。

图 2-2 做好准备后的 Flask 项目的目录结构

修改配置文件 settings.py，代码如下：

```
ENV = 'development'          # 设置开发模式
DEBUG = True                 # 提供报错信息
JSON_AS_ASCII=False          # 解决JSON返回中文乱码问题
```

接下来修改 getdata.py 文件以处理源数据，形成前端每个绘图任务所需的数据。

2.1 处理数据

本项目的源数据很完整，不必进行数据清洗，只需将销量数据中销量列的数据类型进行转换即可。代码如下：

```
# 导入模块
import pandas as pd
import random
# 读取数据
df_project = pd.read_excel(r'.\data\水果卖场产品销量数据.xls')
df_member = pd.read_excel(r'.\data\水果卖场会员数据.xls')
df_sale = pd.read_excel(r'.\data\水果卖场销售数据.xls')
# 转成float类型
df_project['销量'] = df_project['销量'].astype('float64')
```

本项目一共有 9 个卖场的大屏展示，需要针对 9 个卖场分别制作数据。但因为每个卖场大屏显示图形都相同，所以制作各卖场数据的函数完全一样，只需定义一个传入参数。当前端需要获取当前卖场的数据时，向后端发出请求并在 URL 地址里带上当前卖场名称的参数；后端收到请求后，在相应的路由装饰器中通过 request 对象得到当前卖场的名称，然后传入相应函数进行处理后返回当前卖场的数据到前端。

接下来完成获取全部卖场名称的 markets 函数，代码如下：

```
# 返回全部卖场的名称
def markets():
    market = df_project['卖场名称'].unique()
    market.sort()
    market = list(market)
    return market
```

然后对每个任务创建一个处理数据的函数，得到该任务所需的数据。为了方便起见，下面均以华冠超市为例。

2.2 制作数据

2.2.1 任务 1 两图所需数据

1. 子任务 1 散点图所需数据

本任务利用散点图展示当前卖场各省商品销量。根据任务分析，可以确定散点图的 x

轴为水果名称、y 轴为水果销售数量。散点图所需数据的样例如图 2-3 所示。

/data-api/task1a?market_name=华冠超市	"data"数据 [["乒乓葡萄",21392],["乒乓葡萄",21392],["乒乓葡萄",18092],["乒乓葡萄",21392],["乒乓葡萄",21392],["乒乓葡萄",21392],["乒乓葡萄",45056],["乒乓葡萄",21392],["乒乓葡萄",21392],["乒乓葡萄",18092],["乒乓葡萄",18092],["乒乓葡萄",21392],["乒乓葡萄",21392],["乒乓葡萄",21392],["乒乓葡萄",21392],["乒乓葡萄",12486],["乒乓葡萄",18092],["乒乓葡萄",21392],["乒乓葡萄",21392],["乒乓葡萄",21392],["乒乓葡萄",45056],["乒乓葡萄",21392],["乒乓葡萄",21392],["乒乓葡萄",21392],["乒乓葡萄",21392],["乒乓葡萄",4056],["乒乓葡萄",21392],["乒乓葡萄",21392],["乒乓葡萄",21392],["南汇西瓜",98102],["南汇西瓜",99611],["南汇西瓜",98102],["南汇西瓜",98102],["南汇西瓜",98102],["南汇西瓜",76094],["南汇西瓜",98102],["南汇西瓜",98102],["南汇西瓜",99611],["南汇西瓜",98102],["南汇西瓜",98102],["南汇西瓜",19144],["南汇西瓜",99611],["南汇西瓜",98102],["南汇西瓜",60244],["南汇西瓜",98102],["南汇西瓜",76094],["南汇西瓜",98102],["南汇西瓜",98102],["南汇西瓜",98102],["南汇西瓜",34952],["南汇西瓜",98102],["南汇西瓜",98102],["南汇西瓜",98102],["国产油桃",32042],["国产油桃",42813],["国产油桃",42813],["国产油桃",42813],["国产油桃",81041],["国产油桃",42813],["国产油桃",42813],["国产油桃",32042],["国产油桃",42813],["国产油桃",42813],["国产油桃",42813],["国产油桃",42813],["国产油桃",11982],["国产油桃",32042],["国产油桃",42813],["国产油桃",42813],["国产油桃",42813],["国产油桃",42813],["国产油桃",81041],["国产油桃",42813],["国产油桃",12245],["国产油桃",42813],["国产油桃",42813],["国产油桃",42813],["国产油桃",42813],["国产蓝莓",60244],["国产蓝莓",43829],["国产蓝莓",10238],["国产蓝莓",54986],["国产蓝莓",43829],["国产蓝莓",43829],["国产蓝莓",69635],["国产蓝莓",43829],["国产蓝莓",37416],["国产蓝莓",10238],["国产蓝莓",43829],["国产蓝莓",43829],["国产蓝莓",69635],["国产蓝莓",43829],["国产蓝莓",43829],["国产蓝莓",60244],["国产蓝莓",43829],["国产蓝莓",43829],["国产蓝莓",43829],["国产青提",60244],["国产青提",60244],["国产青提",15277],["国产青提",60244],["国产青提",60244],["国产青提",60244],["国产青提",60244],["国产青提",60244],["国产青提",85406],["国产青提",15277],["国产青提",60244],["国产青提",60244],["国产青提",60244],["国产青提",21392],["国产青提",60244],["国产青提",60244],["国产青提",50076],["国产青提",60244],["国产青提",60244],["国产青提",60244],["国产青提",60244],["山竹",32874],["山竹",32874],["山竹",76378],["山竹",32874],["山竹",32874],["山竹",79694],["山竹",32874],["山竹",32874],["山竹",76378],["山竹",32874],["山竹",32874],["山竹",32874],["山竹",32874],["山竹",6420],["山竹",76378],["山竹",32874],["山竹",32874],["山竹",32874],["山竹",79694],["山竹",32874],["山竹",32874],["山竹",65320],["山竹",32874],["山竹",32874],["山竹",32874],["本地西瓜",58468],["本地西瓜",58468],["本地西瓜",38361],["本地西瓜",58468],["本地西瓜",58468],["本地西瓜",58468],["本地西瓜",50375],["本地西瓜",58468],["本地西瓜",58468],["本地西瓜",38361],["本地西瓜",58468],["本地西瓜",58468],["本地西瓜",58468],["本地西瓜",58468],["本地西瓜",60291],["本地西瓜",38361],["本地西瓜",58468],["本地西瓜",58468],["本地西瓜",58468],["本地西瓜",50375],["本地西瓜",58468],["本地西瓜",58468],["本地西瓜",58468],["本地西瓜",31510],["本地西瓜",58468],["本地西瓜",58468],["水蜜桃",12331],["水蜜桃",12331],["水蜜桃",77293],["水蜜桃",12331],["水蜜桃",12331],["水蜜桃",12331],["水蜜桃",72958],["水蜜桃",12331],["水蜜桃",77293],["水蜜桃",12331],["水蜜桃",12331],["水蜜桃",12331],["水蜜桃",60244],["水蜜桃",12331],["水蜜桃",54996],["水蜜桃",77293],["水蜜桃",12331],["水蜜桃",12331],["水蜜桃",12331],["水蜜桃",72958],["水蜜桃",85289],["水蜜桃",12331],["水蜜桃",12331],["水蜜桃",69440],["水蜜桃",12331],["水蜜桃",12331],["水蜜桃",60244],["水蜜桃",12331],["水蜜桃",60244],["黑布林",89590],["黑布林",89590],["黑布林",51183],["黑布林",89590],["黑布林",89590],["黑布林",89590],["黑布林",71084],["黑布林",89590],["黑布林",51183],["黑布林",54996],["黑布林",89590],["黑布林",89590],["黑布林",25016],["黑布林",83186],["黑布林",89590],["黑布林",89590],["黑布林",89590],["黑布林",134288],["黑布林",89590],["黑布林",89590],["黑布林",89590],["黑布林",105995],["黑布林",89590],["黑布林",89590],["黑布林",89590],["黑布林",89590],["黑布林",89590]] "index"数据 ["乒乓葡萄","南汇西瓜","国产油桃","国产蓝莓","国产青提","山竹","本地西瓜","水蜜桃","黑布林"]

图 2-3　散点图所需数据的样例

创建一个函数 task1a(name='华冠超市')来完成散点图的数据处理。需要特别注意的是，本项目处理数据的函数均有一个传入参数 name，默认值设定为华冠超市。当调用该函数时，会将当前卖场的名称赋值给 name。

先根据 name 的值在数据 df_project 中筛选出属于当前卖场的数据，再筛选出需要的 3 列：产品名称、省份名称、销量。然后按产品名称、省份名称分组求和。代码如下：

```
# 筛选出当前卖场数据
df_market = df_project[df_project['卖场名称']==name]
# 筛选列
data1 = df_market.loc[:,['产品名称','省份名称','销量']]
# 按产品名称、省份名称分组求和
data1 = data1.groupby(['产品名称','省份名称']).sum()
```

建立两个空列表：列表 data11 准备存储销量数据、列表 pname 准备存储产品名称。处理好 data1 数据后，完成两个列表数据的添加。代码如下：

```
data11 = []
pname = []
for s,m in zip(list(data1.index),list(data1['销量'])):
    if not s[0] in pname:
        pname.append(s[0])
    data11.append([s[0],m])
```

最后返回散点图所需数据，代码如下：

```
return {
```

```
'index': pname,
'data':data11
    }
```

2. 子任务 2 词云图所需数据

本任务利用词云图展示当前卖场全国商品销量。词云图所需数据的样例如图 2-4 所示。

/data-api/task1b? market_name=华冠超市	"wordCloud"数据 [{"name":"南汇西瓜","value":2723605},{"name":"黑布林","value":2582505},{"name":"本地西瓜","value":1652398},{"name":"国产青提","value":1609709},{"name":"国产蓝莓","value":1346459},{"name":"国产油桃","value":1267134},{"name":"山竹","value":1243734},{"name":"水蜜桃","value":1002541},{"name":"乒乓葡萄","value":652946}]

图 2-4　词云图所需数据的样例

创建一个函数 task1b(name='华冠超市')来完成词云图的数据处理。对数据 df_project 按卖场名称、产品名称分组统计销量，最后重置行索引。代码如下：

```
# 按卖场名称、产品名称分组统计销量
# pivot_table透视表是一种可以对数据进行动态排布并分类汇总的表格格式
task_1b = df_project.pivot_table(index=['卖场名称', '产品名称'],
                        values='销量', aggfunc='sum').reset_index()
```

对得到的数据 task_1b 按卖场名称分组并进行降序排序，然后删掉多余的列。代码如下：

```
# 按卖场名称分组，降序排序
# lambda是匿名函数
# reset_index重置行索引，多出一列level_1，因此删掉
task_1b = task_1b.groupby('卖场名称').apply(lambda x: x.sort_values(
                    '销量', ascending=False)).drop(
                    '卖场名称', axis=1).reset_index().drop('level_1', axis=1)
```

使用循环获取所有卖场大屏展示的词云图所需的数据，全部保存在字典数据 data3 中。代码如下：

```
# 词云数据格式：[{},{}]
data3 = {}
for market in task_1b['卖场名称'].unique():
    # 当前卖场的数据
    cur_market = task_1b[task_1b['卖场名称']==market]
    # 字典数据
    data3.update({market: {'wordCloud':
            [{'value': s, 'name': n} for n, s in zip(cur_market['产品名称'],
                                        cur_market['销量'])] } }
    )
```

最后返回的 data3[name]数据是当前卖场大屏中词云图所需的数据，代码如下：

```
# 返回数据
return data3[name]
```

2.2.2　任务 2 关系图所需数据

本任务利用关系图展示当前卖场的水果和所属科目的关系。关系图所需数据的样例如图 2-5 所示。

/data-api/task2?market_name=华冠超市	"data"数据 [{"name":"黑布林","x":0,"y":20},{"name":"乒乓葡萄","x":30,"y":20},{"name":"南汇西瓜","x":60,"y":20},{"name":"山竹","x":90,"y":20},{"name":"水蜜桃","x":120,"y":20},{"name":"本地西瓜","x":150,"y":20},{"name":"国产蓝莓","x":180,"y":20},{"name":"国产油桃","x":210,"y":20},{"name":"国产青提","x":240,"y":20},{"name":"桑科","x":0,"y":110},{"name":"棕榈科","x":30,"y":110},{"name":"茄科","x":60,"y":110},{"name":"蔷薇科","x":90,"y":110},{"name":"芸香科","x":120,"y":110},{"name":"葫芦科","x":150,"y":110},{"name":"芭蕉科","x":180,"y":110},{"name":"鼠李科","x":210,"y":110},{"name":"葡萄科","x":240,"y":110}] "links"数据 [{"source":"乒乓葡萄","target":"棕榈科"},{"source":"南汇西瓜","target":"茄科"},{"source":"国产油桃","target":"鼠李科"},{"source":"国产蓝莓","target":"芭蕉科"},{"source":"国产青提","target":"葡萄科"},{"source":"山竹","target":"蔷薇科"},{"source":"本地西瓜","target":"葫芦科"},{"source":"水蜜桃","target":"芭蕉科"},{"source":"水蜜桃","target":"芸香科"},{"source":"黑布林","target":"桑科"}]

图 2-5　关系图所需数据的样例

创建一个函数 task2(name='华冠超市')来完成关系图的数据处理。先根据 name 的值在数据 df_project 中筛选出当前卖场数据 df_market，然后得到产品名称数据 pname 和产品分类数据 pkind。代码如下：

```
# 筛选出当前卖场数据
df_market = df_project[df_project['卖场名称']==name]
# 产品名称
pname = df_market['产品名称'].unique()
# 产品分类
pkind = df_market['产品分类'].unique()
```

接下来得到"产品名称"节点和"产品分类"节点在关系图中的坐标，用两个列表数据存储：n_list 和 k_list。代码如下：

```
# 存储"产品名称"节点和"产品分类"节点在关系图中的坐标
n_list = []
k_list = []
for n,k,x in zip(pname, pkind, range(len(pname))):
    # 添加"产品名称"节点的坐标
    n_list.append(
        {
            'name': n,
            'x': x*30,
            'y': 20,
        }
    )
    # 添加"产品分类"节点的坐标
    k_list.append(
        {
            'name': k,
            'x': x * 30,
            'y': 110,
```

```
            }
        )
```

对数据 df_market 按产品名称和产品分类分组统计数量后，其索引值为产品名称和产品分类。当统计数量大于零时，说明有产品在这个产品分类中。

利用这个技巧找到源数据中产品名称和产品分类存在关系的数据，得到列表数据 links。代码如下：

```
# 存储关系
links = []
# 列表-元组: [(),...]
indexes = list(df_market.groupby(['产品名称', '产品分类']).count().index)
# 循环：映射关系
for s, t in indexes:
    # 添加关系：产品名称所属产品分类
    links.append(
        {
            'source': s,
            'target': t,
        }
    )
```

再合并产品名称列表和产品分类列表，得到数据 data10。代码如下：

```
# 合并产品名称列表和产品分类列表
data10 = n_list + k_list
```

最后返回关系图所需格式的数据，代码如下：

```
return {'data': data10,
        'links': links}
```

2.2.3　任务 3 两图所需数据

1. 子任务 1 "大" 箱线图所需数据

本任务利用"大"箱线图展示全部卖场销售预算的情况。根据任务分析，可以确定箱线图的 x 轴为卖场名称，y 轴为销售预算。全部卖场销售预算箱线图数据样例如图 2-6 所示。

创建一个函数 task3a(name='华冠超市')来完成箱线图的数据处理。先对数据 df_sale 按卖场名称分组，再筛选出销售预算列，得到数据 group。group 中有卖场名称和销售预算两种数据，将其转成列表后，利用循环得到卖场名称列表 index 和销售预算列表 value。代码如下：

```
index = []
value = []
# 按卖场名称分组，再筛选出销售预算列
group = df_sale.groupby('卖场名称')['销售预算']
# i[0] 卖场名称, list(i[1])销售预算
```

```
for i in list(group):
    index.append(i[0])
    value.append(list(i[1]))
```

/data-api/task3a? market_name=华冠超市	"index"数据 ["华冠超市","华联生鲜超市","大润发超级市场大卖场","家家福","欧尚","物美超市","盒马鲜生", "苏宁易购生鲜","超市发"] "value"数据 [[7,8,4,9,4,5,4,4,56,16,17,17,18,19,20,21,15,16,27,28,2,23,18,6,25,4,3,3,8,6,25,23,24,9,1,3,25, 26,27,25,26,27,11,15,9,1,27,18,6,15,1,27,27,6,25,23,24,23,24,25,26,27,28,4,3,8,13,14,15,16,1 7,18,23,24,18,6,25,4,3,8,9,1,3,11,15,2,23,11,15,2,18,6,25,4,3,8,9,1,3,11,15,2],[7,8,4,9,4,5,4,4, 6,26,27,28,2,23,18,6,25,4,25,18,6,25,4,3,8,9,1,3,11,15,2,23,24,25,18,6,25,25,24,25,1 5,2,4,3,4,18,11,25,4,8,9,25,4,18,19,20,21,15,16,17,23,24,25,26,27,23,24,25,8,9,1,3,11,15,2,23, 24,25,26,27,28,2,23,25,4,3,8,9,1,3,11,15,2,23,24,25,18,6],[7,8,4,9,4,5,10,4,6,7,8,4,9,4,5,4,4,6,2 4,25,26,27,28,4,3,8,13,28,2,23,24,25,26,27,27,18,11,15,23,24,11,15,25,4,9,1,3,2,23,24,9,1,3,3, 11,15,25,18,28,2,25,26,1,3,2,8,25,2,24,25,9,1,11,15,9,1,11,15,2,23,24,25,26,27,28,2,23,24,25, 26,27,23,24,25,26,27,27,18,6,25,4,3,8,9,1,3,15,2,23,24,25,18,6,25,4,3,8,9,1,3,11,28,2,23,24,1 8,6,25,4,3,8,9,1,3,11,15],[7,8,4,9,4,5,4,4,6,13,14,15,16,17,18,19,11,12,17,17,18,19,20,21,15,1 6,17,18,6,2,23,26,27,18,6,25,26,27,28,26,27,28,8,9,25,4,24,25,25,3,8,23,24,23,24,26,27,20,2 1,15,16,17,23,24,25,26,27,23,24,25,8,9,1,3,11,15,2,23,25,18,6,25,24,25,26,27, 27,18,6,25,4,3,8,9,1,3],[7,8,4,9,4,5,4,4,6,3,8,9,1,3,11,15,2,23,3,11,15,2,23,24,25,26,27,15,2,1, 3,18,6,26,27,28,4,3,8,8,9,1,26,27,23,24,8,9,3,6,15,3,8,1,3,3,8,26,27,28,2,23,18,6,25,4,3,8,9,1,3, 2,24,25,26,27,27,18,6,25,4,3,8,9,1,3,11,25,4,3,8,9,1,3,11,15,2,23,24,25,26,27],[7,8,4,9,4,5,15, 4,6,7,8,4,9,4,5,4,4,6,14,15,16,17,18,19,11,12,13,6,25,4,3,8,9,1,3,2,23,25,26,2,23,3,8,11,15,2,2 5,26,27,11,15,2,2,23,24,6,25,23,24,27,28,11,15,23,9,4,23,26,27,3,11,2,23,3,27,18,6,25,4,3,8,1 3,14,15,16,17,18,19,11,11,15,2,23,24,25,18,6,25,4,3,8,9,1,3,15,2,23,24,25,26,27,28,2,23,24,1 8,6,25,4,2,23,24,25,26,27,28,2,23,24,25,26,27,27,18],[7,8,4,9,4,5,4,4,6,7,8,4,9,6,25,4,3,8,14,1 5,9,10,11,12,13,15,16,24,25,27,28,24,25,23,24,25,23,24,25,4,3,18,6,2,23,24,1,3,28, 2,15,2,24,25,12,13,14,15,9,10,11,12,13,15,16,17,17,18,19,11,15,2,23,24,25,26,27,28,2,23,24, 18,6,25,3,8,9,1,3,11,15,2,23,24,25,26,27,28,2],[7,8,4,9,4,5,4,4,6,13,14,15,9,10,11,12,13,15,23, 24,25,26,27,23,24,25,26,25,4,24,18,28,2,4,3,8,2,23,24,2,23,24,1,3,3,8,26,27,18,11,9,25,26,25, 18,28,2,28,2,23,18,6,25,4,3,8,9,1,3,11,15,2,3,8,9,1,3,11,15,2,23,24,25,26,27,28,2,11,15,2,23,2 4,25,18,6,25,4,3,8,9,1,3],[7,8,4,9,4,5,4,4,6,17,23,24,25,26,27,23,24,25,8,9,1,3,11,15,2,23,24,9, 1,4,3,25,26,11,15,2,55,55,55,27,18,6,2,23,3,11,6,25,25,2,3,18,6,4,3,18,6,19,11,12,13,14,15,9,1 0,11,12,13,15,16,17,17,28,2,23,24,25,26,27,55,55,55,18,6,25,4,3,23,24,25,26,27,28,2,23,24,2 5,26,27,27,18,6]]

图 2-6　全部卖场销售预算箱线图数据样例

最后返回本任务箱线图所需格式的数据，代码如下：

```
return {'index': index,
        'value': value}
```

2. 子任务 2 "小" 箱线图所需数据

本任务利用 "小" 箱线图展示当前卖场销售预算的情况。根据任务分析，可以确定箱线图的 x 轴为当前卖场名称，y 轴为当前卖场的销售预算。当前卖场销售预算箱线图数据样例如图 2-7 所示。

/data-api/task3b? market_name=华冠超市	"value"数据 [[7,8,4,9,4,5,4,4,56,16,17,17,18,19,20,21,15,16,27,28,2,23,18,6,25,4,3,3,8,6,25,23,24,9,1,3,25, 26,27,25,26,27,11,15,9,1,27,18,6,15,1,27,27,6,25,23,24,23,24,25,26,27,28,4,3,8,13,14,15,16,1 7,18,23,24,18,6,25,4,3,8,9,1,3,11,15,2,23,11,15,2,18,6,25,4,3,8,9,1,3,11,15,2]]

图 2-7　当前卖场销售预算箱线图数据样例

创建一个函数 task3b(name='华冠超市')来完成箱线图的数据处理。先对数据 df_sale 直接筛选出当前卖场的数据，代码如下：

```
# 筛选出当前卖场的数据
df_market = df_sale[df_sale['卖场名称']==name]
```

最后返回本任务箱线图所需格式的数据，代码如下：

```
return {'value': [list(df_market['销售预算'])]}
```

2.2.4　任务 4 数据显示所需数据

本任务利用数据显示展示当前卖场的关键数据。根据任务分析，数据显示需要显示 AC、TC、日商、销售 4 个数据。数据显示的数据样例如图 2-8 所示。

图 2-8　数据显示的数据样例

创建一个函数 task4(name='华冠超市')来完成数据显示的数据处理。先对数据 df_sale 按卖场名称分组统计，然后重置行索引。代码如下：

```
task_4 = df_sale.groupby('卖场名称').sum().reset_index()
```

根据数据 task_4 得到日商数据，并新增"日商"列。代码如下：

```
# 日商=销售/门店数
task_4['日商'] = round(task_4['销售'] / task_4['门店数'], 6)*10000
```

在处理后的数据 task_4 中取出相应的数据列，代码如下：

```
task_4 = task_4.loc[:, ['卖场名称', '销售', 'TC', 'AC', '日商']]
```

将所有需要的卖场数据都存储到字典数据 data4 中，代码如下：

```
data4 = {}
for market in task_4['卖场名称'].unique():
    # 当前卖场的数据
    cur_market = task_4[task_4['卖场名称']==market]
    # 字典
    data4.update(
        {
            market: {
                '销售': list(cur_market['销售'])[0],
                'TC': list(cur_market['TC'])[0],
                'AC': list(cur_market['AC'])[0],
                '日商': list(cur_market['日商'])[0],
            }
```

```
    }
  )
```

最后返回的 data4[name]数据就是当前卖场大屏中数据显示所需的数据，代码如下：

```
return data4[name]
```

2.2.5　任务 5 地图所需数据

本任务利用地图展示当前卖场各省销量和门店平均销量。地图数据（部分）样例如图 2-9 所示。

"max_各省销量"数据
63
"max_各省门店平均销量"数据
8396.78
"各省销量"数据
[{"name":"云南","value":48},{"name":"内蒙古","value":46},{"name":"北京","valu

图 2-9　地图数据（部分）样例

创建一个函数 task5(name='华冠超市')来完成地图的数据处理。先求出各省的销量数据 sale_sum、各省门店数数据 store_sum；然后以相同省份名称为依据将数据 sale_sum 和数据 store_sum 合并。代码如下：

```
# 各省销量
sale_sum = df_project.pivot_table(index=['卖场名称', '省份名称'],
                    values='销量', aggfunc='sum').reset_index().\
                        rename(columns={'省份名称': '省份'})
# 各省门店数
store_sum = df_sale.pivot_table(index='省份',values='门店数',
                                        aggfunc='sum').reset_index()
# 以相同省份名称合并数据
task_5 = pd.merge(left=sale_sum, right=store_sum, on='省份')
```

根据各省销量和各省门店数之商，求得各省门店平均销量；然后给数据 task_5 增加一个"销量 2"列，该列的数据单位为万斤（1 斤=500g）。代码如下：

```
# 门店平均销量
task_5['门店平均销量'] = round(task_5['销量'] / task_5['门店数'], 2)
# 地图数据格式：[{},{}]
# 销量在地图上以万斤为单位显示
task_5['销量2'] = round(task_5['销量']/10000)
```

创建一个空列表 data2，然后循环添加各省销量数据、各省门店平均销量数据、各省销量最大值数据、各省门店平均销量最大值数据。代码如下：

```
# 循环每个卖场的数据，形成字典
data2 = {}
for market in task_5['卖场名称'].unique():
    # 得到当前卖场的数据
    cur_market = task_5[task_5['卖场名称']==market]
```

67

```
# 各省销量
data2.update({market: {'各省销量': [{'value': s, 'name': p} for p, s
        in zip(list(cur_market['省份']), list(cur_market['销量2']))]}})
# 各省门店平均销量
data2[market]['各省门店平均销量'] = [{'value': s, 'name': p} for p, s
        in zip(list(cur_market['省份']), list(cur_market['门店平均销量']))]
# 各省销量最大值
data2[market]['max_各省销量'] = round(max(cur_market['销量'])/10000)
# 各省门店平均销量最大值
data2[market]['max_各省门店平均销量'] = max(cur_market['门店平均销量'])
```

源数据里若省份没有数据，则可以添加数据 0 来处理。

最后返回地图所需格式的数据，代码如下：

```
return data2[name]
```

2.2.6　任务 6 两图所需数据

1. 子任务 1 气泡图所需数据

本任务利用气泡图展示当前卖场各省分科销量。根据任务分析，可以确定气泡图的 x 轴为水果科目名称，y 轴为水果科目的销量。气泡图所需数据的样例如图 2-10 所示。

/data-api/task6a?market_name=华冠超市	"data"数据 [["茄科",10],["桑科",9],["芭蕉科",6],["葡萄科",6],["葫芦科",6],["鼠李科",4],["蔷薇科",3],["棕榈科",2],["芸香科",1],["茄科",10],["桑科",9],["葡萄科",6],["葫芦科",6],["芭蕉科",4],["鼠李科",4],["蔷薇科",3],["棕榈科",2],["芸香科",1],["茄科",10],["芸香科",8],["蔷薇科",8],["桑科",5],["葫芦科",4],["鼠李科",3],["棕榈科",2],["葡萄科",2],["芭蕉科",1],["茄科",10],["桑科",9],["葡萄科",6],["葫芦科",6],["芭蕉科",5],["鼠李科",4],["蔷薇科",3],["棕榈科",2],["芸香科",1],["茄科",10],["桑科",9],["葡萄科",6],["葫芦科",6],["芭蕉科",4],["鼠李科",4],["蔷薇科",3],["棕榈科",2],["芸香科",1],["茄科",10],["桑科",9],["葡萄科",6],["葫芦科",6],["芭蕉科",4],["鼠李科",4],["蔷薇科",3],["棕榈科",2],["芸香科",1],["鼠李科",8],["蔷薇科",8],["茄科",8],["芸香科",7],["桑科",7],["芭蕉科",7],["葫芦科",5],["棕榈科",5],["葡萄科",2],["茄科",10],["桑科",9],["葡萄科",6],["葫芦科",6],["芭蕉科",4],["鼠李科",4],["蔷薇科",3],["棕榈科",2],["芸香科",1],["茄科",10],["桑科",9],["葡萄科",6],["葫芦科",6],["芭蕉科",4],["鼠李科",4],["蔷薇科",3],["棕榈科",2],["芸香科",1],["茄科",10],["芸香科",8],["蔷薇科",8],["桑科",5],["葫芦科",4],["鼠李科",3],["棕榈科",2],["葡萄科",2],["芭蕉科",1],["茄科",10],["桑科",9],["葡萄科",6],["葫芦科",6],["芭蕉科",4],["鼠李科",4],["蔷薇科",3],["棕榈科",2],["芸香科",1],["茄科",10],["桑科",9],["葡萄科",6],["葫芦科",6],["芭蕉科",4],["鼠李科",4],["蔷薇科",3],["棕榈科",2],["芸香科",1],["茄科",10],["桑科",9],["葡萄科",6],["葫芦科",6],["芭蕉科",4],["鼠李科",4],["蔷薇科",3],["棕榈科",2],["芸香科",1],["茄科",10],["桑科",9],["芸香科",6],["葡萄科",6],["葫芦科",6],["芭蕉科",4],["鼠李科",4],["蔷薇科",3],["棕榈科",2],["茄科",10],["桑科",9],["葡萄科",6],["葫芦科",6],["芭蕉科",4],["鼠李科",4],["蔷薇科",3],["棕榈科",2],["芸香科",1],["葡萄科",9],["葫芦科",6],["芸香科",5],["芭蕉科",4],["桑科",3],["茄科",2],["棕榈科",1],["鼠李科",1],["蔷薇科",1],["茄科",10],["桑科",8],["芸香科",8],["蔷薇科",8],["葫芦科",4],["鼠李科",3],["棕榈科",2],["葡萄科",2],["芭蕉科",1],["茄科",10],["桑科",9],["葡萄科",6],["葫芦科",6],["芭蕉科",4],["鼠李科",4],["蔷薇科",3],["棕榈科",2],["芸香科",1],["桑科",9],["茄科",6],["葡萄科",6],["葫芦科",6],["芭蕉科",4],["鼠李科",4],["蔷薇科",3],["棕榈科",2],["芸香科",1],["茄科",10],["桑科",9],["葡萄科",6],["葫芦科",6],["芭蕉科",4],["鼠李科",4],["蔷薇科",3],["棕榈科",2],["芸香科",1],["桑科",13],["鼠李科",8],["蔷薇科",8],["茄科",8],["芸香科",7],["芭蕉科",7],["葫芦科",5],["棕榈科",5],["葡萄科",2],["芭蕉科",12],["茄科",10],["桑科",9],["葡萄科",6],["葫芦科",6],["鼠李科",4],["蔷薇科",3],["棕榈科",2],["芸香科",1],["茄科",10],["桑科",9],["葡萄科",6],["葫芦科",6],["芭蕉科",4],["鼠李科",4],["蔷薇科",3],["棕榈科",2],["芸香科",1],["茄科",10],["桑科",9],["葡萄科",6],["蔷薇科",6],["葫芦科",6],["芭蕉科",4],["鼠李科",4],["棕榈科",2],["芸香科",1],["桑科",11],["芭蕉科",9],["芸香科",7],["蔷薇科",7],["葡萄科",5],["茄科",3],["葫芦科",3],["鼠李科",1],["棕榈科",0],["茄科",10],["桑科",9],["葡萄科",6],["葫芦科",6],["芭蕉科",4],["鼠李科",4],["蔷薇科",3],["棕榈科",2],["芸香科",1],["茄科",10],["桑科",9],["芭蕉科",6],["葡萄科",6],["葫芦科",6],["鼠李科",4],["蔷薇科",3],["棕榈科",2],["芸香科",1],["茄科",10],["桑科",9],["芸香科",6],["葡萄科",6],["葫芦科",6],["芭蕉科",4],["鼠李科",4],["蔷薇科",3],["棕榈科",2],["茄科",10],["桑科",9],["葡萄科",6],["葫芦科",6],["芭蕉科",4],["鼠李科",4],["蔷薇科",3],["棕榈科",2],["芸香科",1],["茄科",10],["桑科",9],["芸香科",6],["葡萄科",6],["葫芦科",6],["芭蕉科",4],["鼠李科",4],["蔷薇科",3],["棕榈科",2]] "产品分类"数据 ["茄科","桑科","芭蕉科","葡萄科","葫芦科","鼠李科","蔷薇科","棕榈科","芸香科"] "销量"数据 [10,9,6,6,6,4,3,2,1,10,9,6,6,4,4,3,2,1,10,8,8,5,4,3,2,2,1,10,9,6,6,5,4,3,2,1,10,9,6,6,4,4,3,2,1,10,9,6,6,4,4,3,2,1,8,8,8,7,7,7,5,5,2,10,9,6,6,4,4,3,2,1,10,9,6,6,4,4,3,2,1,10,8,8,5,4,3,2,2,1,10,9,6,6,4,4,3,2,1,10,9,6,6,4,4,3,2,1,10,9,6,6,4,4,3,2,1,10,9,6,6,6,4,4,3,2,10,9,6,6,4,4,3,2,1,9,6,5,4,3,2,1,1,1,10,8,8,8,4,3,2,2,1,10,9,6,6,4,4,3,2,1,9,6,6,6,4,4,3,2,1,10,9,6,6,4,4,3,2,1,13,8,8,8,7,7,5,5,2,12,10,9,6,6,4,3,2,1,10,9,6,6,4,4,3,2,1,10,9,6,6,6,4,4,2,1,11,9,7,7,5,3,3,1,0,10,9,6,6,4,4,3,2,1,10,9,6,6,6,4,3,2,1,10,9,6,6,6,4,4,3,2,10,9,6,6,4,4,3,2,1,10,9,6,6,6,4,4,3,2]

图 2-10　气泡图所需数据的样例

创建一个函数 task6a(name='华冠超市')来完成气泡图的数据处理。按卖场名称、省份名称、产品分类进行分组，然后求和得到总销量数据，再按销量降序排序。代码如下：

```
# 按卖场名称、省份名称、产品分类进行分组求和
task_6a = df_project.groupby(['卖场名称', '省份名称', '产品分类'],
                             as_index=False).sum().drop('月份', axis=1)
# 按卖场名称、省份名称分组，降序排序
task_6a = task_6a.groupby(['卖场名称', '省份名称'], as_index=False).
                apply(lambda x: x.sort_values('销量', ascending=False)).
                reset_index().drop(['level_0', 'level_1'], axis=1)
```

将"销量"列的单位改为"万元"。代码如下：

```
# 销量以万元为单位
task_6a['销量'] = round(task_6a['销量']/10000)
```

建立空列表 data5，并给列表循环添加产品分类数据、销量数据、data 数据。代码如下：

```
# 展示的数据格式：{}
data5 = {}
for market in task_6a['卖场名称'].unique():
    # 当前卖场的数据
    cur_market = task_6a[task_6a['卖场名称'] == market]
    data1 = cur_market.loc[:, ['产品分类', '销量']].values.tolist()
    catda = task_6a['产品分类'].unique().tolist()
    # 字典数据
    data5.update(
        {
            market: {
                '产品分类': catda,
                '销量': list(cur_market['销量']),
                'data': data1,
            }
        }
    )
```

最后返回气泡图所需格式的数据，代码如下：

```
return data5[name]
```

2. 子任务 2 异型柱状图所需数据

本任务利用异型柱状图展示当前卖场全国分科销量。根据任务分析，可以确定异型柱状图的 x 轴为水果科目名称，y 轴为水果科目的销量。异型柱状图所需数据的样例如图 2-11 所示。

/data-api/task6b? market_name=华冠超市	"产品分类"数据 ["茄科","桑科","葫芦科","葡萄科","芭蕉科","鼠李科","蔷薇科","芸香科","棕榈科"] "销量"数据 [272,258,165,161,142,127,124,93,65]

图 2-11　异型柱状图所需数据的样例

创建一个函数 task6b(name='华冠超市')来完成异型柱状图的数据处理。按卖场名称、产品分类进行分组，然后对销量求和得到数据 task_6b；再将 task_6b 按卖场名称分组，根据销量降序排序。代码如下：

```
# 按卖场名称、产品分类进行分组求和
task_6b = df_project.groupby(['卖场名称', '产品分类']).
                    sum().reset_index().loc[:, ['卖场名称', '产品分类', '销量']]
# 按卖场名称分组，再按销量降序排序
task_6b = task_6b.groupby('卖场名称').
                apply(lambda x: x.sort_values('销量', ascending=False)).
            drop('卖场名称', axis=1).reset_index().drop('level_1', axis=1)
```

将"销量"列的单位改为万元。代码如下：

```
# 销量以万元为单位
task_6b['销量'] = round(task_6b['销量']/10000)
```

建立空列表 data6，并给列表循环添加产品分类数据、销量数据。代码如下：

```
# 展示的数据格式: {}
data6 = {}
for market in task_6b['卖场名称'].unique():
    # 当前卖场的数据
    cur_market = task_6b[task_6b['卖场名称']==market]
    # 字典
    data6.update(
        {
            market: {
                '产品分类': list(cur_market['产品分类']),
                '销量': list(cur_market['销量']),
            }
        }
    )
```

最后返回异型柱状图所需格式的数据，代码如下：

```
return data6[name]
```

2.2.7　任务 7 仪表图所需数据

本任务利用仪表图展示当前卖场销量占全部卖场总销量的比重。仪表图所需数据的样例如图 2-12 所示。

/data-api/task7? market_name=华冠超市	"name"数据 "华冠超市" "total"数据 135790136 "value"数据 14081031

图 2-12　仪表图所需数据的样例

创建一个函数 task7(name='华冠超市')来完成仪表图的数据处理。按卖场名称分组，然后对销量求和，并求出全部卖场总销量。代码如下：

```
market_sale = df_project.groupby('卖场名称').sum()
total = df_project['销量'].sum()
```

建立空列表 data7，并给列表循环添加卖场名称数据、卖场总销量数据、所有卖场总销量数据。代码如下：

```
data7 = {}
# 循环各卖场
for market in list(market_sale.index):
    # 添加各卖场的数据
    data7.update(
        {
            market: {
                'name': market,
                'value': market_sale.loc[market, '销量'],
                'total': total
            }
        }
    )
```

最后返回仪表图所需格式的数据，代码如下：

```
return data7[name]
```

2.2.8 任务 8 折线图所需数据

本任务利用折线图展示当前卖场每月增加的会员人数。根据任务分析，可以确定折线图的 x 轴为月份，y 轴为会员人数增加数量。折线图所需数据的样例如图 2-13 所示。

/data-api/task8? market_name=华冠超市	"index"数据 [2,3,4,5,6,7,8,9] "value"数据 [950,760,790,880,900,642,2177,4231]

图 2-13　折线图所需数据的样例

创建一个函数 task8(name='华冠超市')来完成折线图的数据处理。先筛选出当前卖场的数据，再根据月份分组并对会员增加人数求和。代码如下：

```
# 筛选出当前卖场的数据
df_market = df_member[df_member['卖场名称']==name]
# 按月份分组，并对会员增加人数求和
member = df_market.pivot_table(index='month', values='会员增加人数',
aggfunc='sum')
```

最后返回折线图所需格式的数据，代码如下：

```
return {'index': list(member.index),
        'value': list(member['会员增加人数'])}
```

到这里，get_data_fruit.py 文件的代码就全部完成了，接下来修改 app.py 文件以实现数据获取。

2.3 实现数据接口

引入 render_template、jsonify、request 和 timedelta。代码如下：

```
from flask import Flask, render_template, jsonify, request
from datetime import timedelta
```

然后引入处理数据的 getdata.py 文件、配置文件 settings.py。代码如下：

```
from get_data_fruit import *
# 实例化app
app = Flask(__name__)
# 引入配置文件
app.config.from_pyfile("settings.py")
# 配置缓存最大时间
app.send_file_max_age_default = timedelta(seconds=1)
# 配置session有效期
app.config['PERMANENT_SESSION_LIFETIME'] = timedelta(seconds=1)
```

此时数据接口页面文件 data_api.html 还没有建好。这里可以先定义一个路由规则：当当前地址是根路径时，就调用 data_api 函数，返回 data_api.html。代码如下：

```
# 全部任务数据接口 --------------------------------------------------------
@app.route('/')
def data_api():
    tasks = list()
    tasks.extend(['task1a','task1b','task2','task3a','task3b'])
    tasks.extend([f'task{i}' for i in range(4, 6)])
    tasks.extend(['task6a', 'task6b'])
    tasks.extend([f'task{i}' for i in range(7, 9)])
    return render_template('data_api.html', tasks=tasks, markets=markets())
```

在前端的左上角有一个下拉列表，需要获取所有卖场的名称作为下拉列表的内容。这是一个隐形的需要从后端获取数据的任务，将其作为任务 0 来处理，代码如下：

```
# task0 超市名 ------------------------------------------------------------
@app.route('/data-api/task0', methods=['POST', 'GET'])
def t0():
    market_names = markets()
    return jsonify(market_names)
```

然后针对每个任务定义路由规则，这里以任务 1 的子任务 1 为例，因为有 9 个卖场的数据，所以当前端发出 GET 请求或 POST 请求时，URL 都会带上当前卖场名称作为参数。当请求地址为/data-api/task1a 时，后端先获取当前卖场的名称，再调用 get_data_fruit.py 文件里定义的 task1a 函数，而当前卖场名称则作为 task1a 函数的传入参数值。task1a 函数处理完后返回相应的 JSON 数据给前端。代码如下：

```
# task1a 散点图 ------------------------------------------------------------
@app.route('/data-api/task1a', methods=['POST', 'GET'])
def t1a():
    market_name = request.values.get('market_name')
    data = task1a(market_name)
    return jsonify(data)
```

其余任务可以仿照任务 1 的子任务 1 来添加相应的代码，这里不再列出。最后添加代码 app.run() 以监听指定的端口，对收到的 request 运行 app 生成 response 并返回，代码如下：

```
if __name__ == '__main__':
    app.run(port=5000)
```

到这里，app.py 文件的代码就基本完成了，接下来修改 data_api.html 文件以生成数据接口页面。

2.4　制作数据接口页面

数据接口页面 data_api.html 文件并不是必须建立的，但是在本项目中，因为数据量不是很大，所以不制作数据接口文档，而用数据接口页面。前面提到，数据接口页面的作用是让前端拥有一份调用后端数据的说明书。

思政元素导入：　　　　　　　　　　　　　**团队精神**

通过建立数据接口页面文件，前端开发人员不必了解后端具体的开发细节，只需根据数据接口页面文件进行前端开发即可。通过这种团队通力合作的做法，不仅能够加快整个团队的开发速度，还能提高团队成员运用自身知识解决实际问题的能力。

最后形成的数据接口的部分页面如图 2-14 所示。

创建这个数据接口页面文件要引入 jQuery 插件，可在<head></head>之间引入，代码如下：

```
<!DOCTYPE html>
<html lang="en">
<head>
<meta charset="UTF-8">
<title>水果销售管理系统数据接口</title>
<script src="../static/js/jquery.js"></script>
......(这里省略显示其他代码)
</head>
```

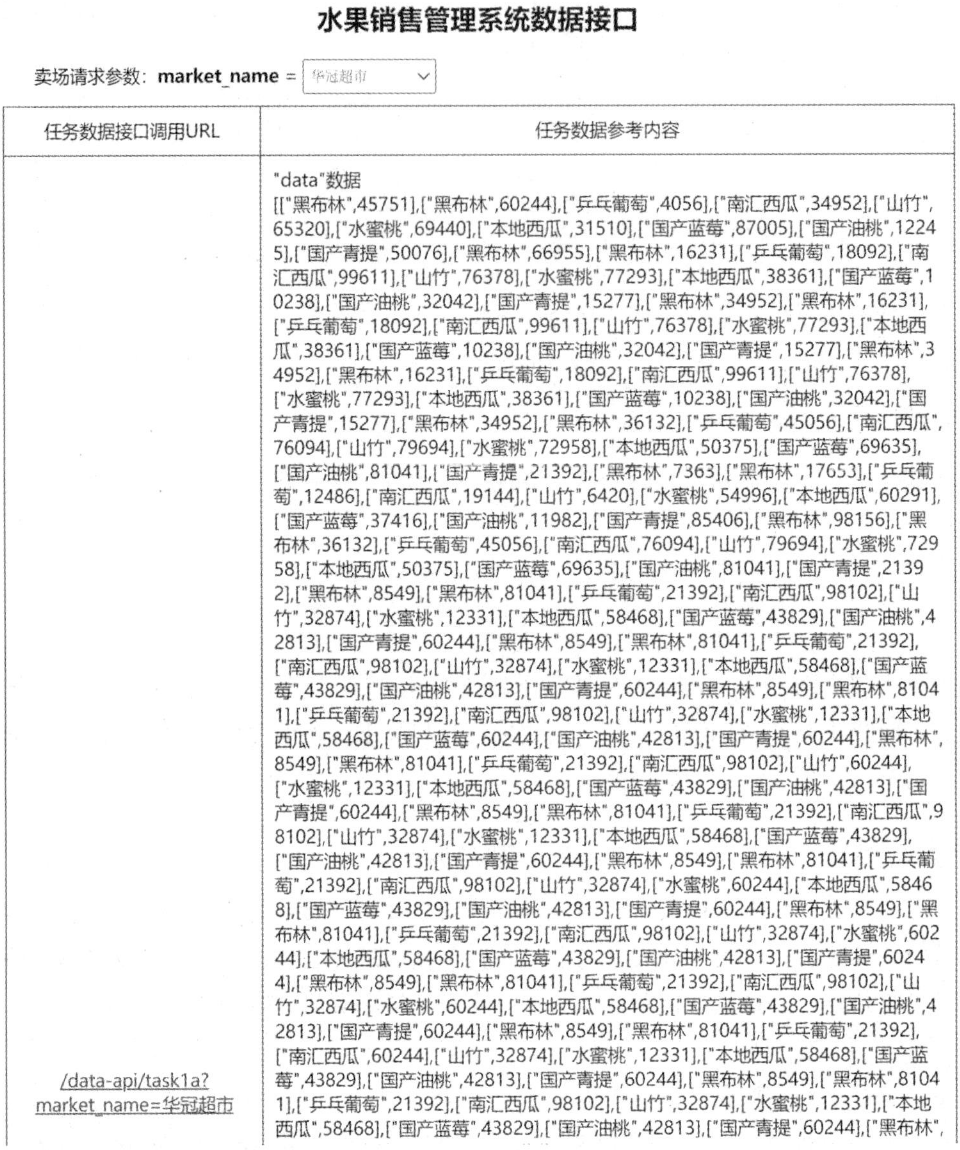

水果销售管理系统数据接口

卖场请求参数：**market_name** = 华冠超市

任务数据接口调用URL	任务数据参考内容
/data-api/task1a?market_name=华冠超市	"data"数据 [["黑布林",45751],["黑布林",60244],["乒乓葡萄",4056],["南汇西瓜",34952],["山竹",65320],["水蜜桃",69440],["本地西瓜",31510],["国产蓝莓",87005],["国产油桃",12245],["国产青提",50076],["黑布林",66955],["黑布林",16231],["乒乓葡萄",18092],["南汇西瓜",99611],["山竹",76378],["水蜜桃",77293],["本地西瓜",38361],["国产蓝莓",10238],["国产油桃",32042],["国产青提",15277],["黑布林",34952],["黑布林",16231],["乒乓葡萄",18092],["南汇西瓜",99611],["山竹",76378],["水蜜桃",77293],["本地西瓜",38361],["国产蓝莓",10238],["国产油桃",32042],["国产青提",15277],["黑布林",34952],["黑布林",16231],["乒乓葡萄",18092],["南汇西瓜",99611],["山竹",76378],["水蜜桃",77293],["本地西瓜",38361],["国产蓝莓",10238],["国产油桃",32042],["国产青提",15277],["黑布林",34952],["黑布林",36132],["乒乓葡萄",45056],["南汇西瓜",76094],["山竹",79694],["水蜜桃",72958],["本地西瓜",50375],["国产蓝莓",69635],["国产油桃",81041],["国产青提",21392],["黑布林",7363],["黑布林",17653],["乒乓葡萄",12486],["南汇西瓜",19144],["山竹",6420],["水蜜桃",54996],["本地西瓜",60291],["国产蓝莓",37416],["国产油桃",11982],["国产青提",85406],["黑布林",98156],["黑布林",36132],["乒乓葡萄",45056],["南汇西瓜",76094],["山竹",79694],["水蜜桃",72958],["本地西瓜",50375],["国产蓝莓",69635],["国产油桃",81041],["国产青提",21392],["黑布林",8549],["黑布林",81041],["乒乓葡萄",21392],["南汇西瓜",98102],["山竹",32874],["水蜜桃",12331],["本地西瓜",58468],["国产蓝莓",43829],["国产油桃",42813],["国产青提",60244],["黑布林",8549],["黑布林",81041],["乒乓葡萄",21392],["南汇西瓜",98102],["山竹",32874],["水蜜桃",12331],["本地西瓜",58468],["国产蓝莓",43829],["国产油桃",42813],["国产青提",60244],["黑布林",8549],["黑布林",81041],["乒乓葡萄",21392],["南汇西瓜",98102],["山竹",32874],["水蜜桃",12331],["本地西瓜",58468],["国产蓝莓",60244],["国产油桃",42813],["国产青提",60244],["黑布林",8549],["黑布林",81041],["乒乓葡萄",21392],["南汇西瓜",98102],["山竹",60244],["水蜜桃",12331],["本地西瓜",58468],["国产蓝莓",43829],["国产油桃",42813],["国产青提",60244],["黑布林",8549],["黑布林",81041],["乒乓葡萄",21392],["南汇西瓜",98102],["山竹",32874],["水蜜桃",12331],["本地西瓜",58468],["国产蓝莓",43829],["国产油桃",42813],["国产青提",60244],["黑布林",8549],["黑布林",81041],["乒乓葡萄",21392],["南汇西瓜",98102],["山竹",32874],["水蜜桃",60244],["本地西瓜",58468],["国产蓝莓",43829],["国产油桃",42813],["国产青提",60244],["黑布林",8549],["黑布林",81041],["乒乓葡萄",21392],["南汇西瓜",98102],["山竹",32874],["水蜜桃",60244],["本地西瓜",58468],["国产蓝莓",43829],["国产油桃",42813],["国产青提",60244],["黑布林",8549],["黑布林",81041],["乒乓葡萄",21392],["南汇西瓜",98102],["山竹",32874],["水蜜桃",60244],["本地西瓜",58468],["国产蓝莓",43829],["国产油桃",42813],["国产青提",60244],["黑布林",8549],["黑布林",81041],["乒乓葡萄",21392],["南汇西瓜",60244],["山竹",32874],["水蜜桃",12331],["本地西瓜",58468],["国产蓝莓",43829],["国产油桃",42813],["国产青提",60244],["黑布林",8549],["黑布林",81041],["乒乓葡萄",21392],["南汇西瓜",98102],["山竹",32874],["水蜜桃",12331],["本地西瓜",58468],["国产蓝莓",43829],["国产油桃",42813],["国产青提",60244],["黑布林",

图 2-14　最后形成的数据接口的部分页面

在<body></body>之间确定标题为“水果销售管理系统数据接口”，然后做好 table 标签。代码如下：

```
<h2 align="center">水果销售管理系统数据接口</h2>
<table border="1" cellpadding="0" cellspacing="0">
......(这里省略显示其他代码)
</table>
```

接下来完成数据接口页面左上角的下拉列表，如图 2-15 所示。

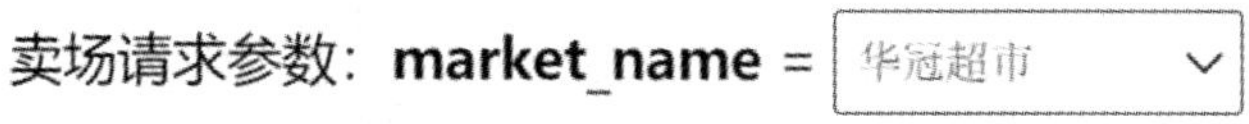

卖场请求参数：**market_name** = 华冠超市 ⌄

图 2-15　数据接口页面左上角的下拉列表

当有访问数据接口页面的请求时，根据 app.py 文件里的 data_api 函数，会使用 render_template 函数渲染模板 data_api.html。变量 tasks 的值被赋为所有任务列表名称，变量 markets 的值被赋为所有卖场名称，变量值同时传给页面 data_api.html。因此，循环"{% for m_name in markets %}"的作用就是对全部卖场名称进行遍历，并将卖场名称添加到下拉列表中。

另外，当下拉列表的内容发生改变时，会调用 update_market 函数，当前下拉列表的内容会赋值给该函数的传入参数。

下拉列表的代码如下：

```
<!-- 下拉列表：展示全部卖场名称 -->
      
卖场请求参数: <b>market_name</b> =
<select id="marketName" onchange="update_market(this.value)">
    <!-调用markets函数 -->
    {% for m_name in markets %}
        <option>{{ m_name }}</option>
    {% endfor %}
</select>
```

数据接口页面中的每个任务在表格中都占有一行：左边是任务名称，同时给任务名称设置一个超链接，链接到返回相应 JSON 数据的页面；右边是任务所需的数据样例。

任务表格标题行的代码如下：

```
<!-- 表头 -->
<tr style="text-align: center">
    <td>任务数据接口调用URL</td>
    <td class="t2">任务数据参考内容</td>
</tr>
```

然后用循环建立任务表格内容。循环{% for task in tasks %}的作用是对全部任务名称进行遍历，为每个任务建立起表格中的一行。代码如下：

```
<!-- 表体：循环每个任务 -->
{% for task in tasks %}
 <tr>
    <!-任务表格左边 -->
    <td style="text-align: center">
        <a href="/data-api/{{ task }}?market_name=华冠超市" id="a_{{ task }}">
            /data-api/{{ task }}?market_name=华冠超市
        </a>
    </td>
```

```
    <!--任务表格右边 -->
    <td style="word-break: break-all;" id="{{ task }}" class="t2"></td>
  </tr>
    ......（这里要写一个打开数据接口页面时默认显示华冠超市数据的JS脚本）
  {% endfor %}
```

上面代码中还缺少一个打开数据接口页面时默认显示华冠超市数据的 JS 脚本。代码如下：

```
<!-- 请求数据：默认显示华冠超市 -->
<script>
    $.ajax({
        type: 'post',
        url: "/data-api/{{ task }}",
        data: {market_name: "华冠超市"},
        dataType: "json",
        success: function (datas) {
            str_pretty1 ="";
            for (var key in datas){
                str_pretty1 = str_pretty1 +JSON.stringify(key) + "数据" + "\n";
                str_pretty1 = str_pretty1 + JSON.stringify(datas[key], 2) ;
                str_pretty1 = str_pretty1 + "\n";
                document.getElementById('{{task}}').innerText = str_pretty1 ;
            }
        },
        error: function (err) {
            console.log(err);
            return err;
        }
    })
</script>
```

不过，此时当下拉列表发生改变时，每个任务的数据样例却没有发生变化。因为下拉列表改变内容时调用的 update_market 函数还未建立。update_market 函数的代码如下：

```
<script>
    <!--所有任务名称 -->
    // tasks的值为所有任务名称，由render_template函数传入页面data_api.html
    //内置过滤器safe，将该tasks值标记为安全，这意味着此变量将不会被转义
    var tasks = {{ tasks | safe}};
    // 更新下拉列表卖场数据
    function update_market(market_name) {
        // 遍历每个任务
        tasks.forEach(function (task) {
        var a_id = "a_" + task;
        var a_href_text = '/data-api/'+ task +'?market_name='+ market_name;
        var url = "/data-api/"+task;
        console.log(url, a_id);
```

```
        $.ajax({
            type: 'post',
            url: url,
            data: {market_name: market_name},
            dataType: "json",
            success: function (datas) {
                // 左边的任务名称
                document.getElementById(a_id).href = a_href_text;
                document.getElementById(a_id).innerText = a_href_text;
                // 右边的任务数据样例
                str_pretty1 ="";
                for (var key in datas){
                    str_pretty1 = str_pretty1 + JSON.stringify(key) + "数据" + "\n";
                    str_pretty1 = str_pretty1 + JSON.stringify(datas[key], 2) ;
                    str_pretty1 = str_pretty1 + "\n";
                    document.getElementById(task).innerText = str_pretty1 ;
                }
            },
            error: function (err) {
                console.log(err);
                return err;
            }
        })
        })
    }
</script>
```

此时所有任务的表格已经建立，接下来设置相应的样式，样式代码放在<head>和</head>之间。代码如下：

```
<style>
    /* select的样式 */
    #marketName{
        background-color: #ffffff;
        color: #000;
        opacity: .9;
        padding: 2px;
        border-radius: 2px;
        border: 1px solid #000;
        width: 120px;
        height: 30px;
        font-size: 13px;
        font-family: "宋体";
        margin-bottom: 10px;
    }
    td{
    padding: 10px;
```

```
    width: 400px;
    }
    .t2{
    width: 1700px;
    }
    a:visited{
    color: blue;
    }
</style>
```

将所有任务的表格、样式、JS 脚本建好以后，数据接口页面就建立成功了。前端开发人员可以通过地址"http://127.0.0.1:5000/"来访问。

2.5 解决跨域问题

解决跨域问题的方法可以扫描右边二维码查看。

2.6 远程访问数据接口页面

远程访问数据接口页面的方法可以扫描右边二维码查看。

2.1 制作可视化大屏布局

前端可视化开发必须要有一个大屏布局。新建一个名为"03 水果销售管理系统前端"的目录，在该目录中需要建立布局所用的所有文件：在该目录中新建一个 index.html 文件，此文件为可视化大屏的主页面；在该目录中新建一个名为 css 的目录，再在 css 目录中新建一个 main.css 文件，此文件为样式文件；在该目录中新建一个名为 js 的目录，将 jquery.js 文件放入此目录中；在 css 目录中新建一个名为 images 的目录，将布局所需的 3 张图片放入此目录中；在 css 目录中新建一个名为 font 的目录，将布局所需的字体文件放入此目录中；在 js 目录中新建一个名为 taskjs 的目录，将 time.js 文件放入此目录中。

准备好所有的目录和文件之后，右击"03 水果销售管理系统前端"目录，在弹出的快捷菜单中选择"通过 Code 打开"选项，在 Vscode 里形成的初始目录结构如图 2-16 所示。

本项目的布局分为上下两部分：上面为标题、下拉列表和一个时间显示；下面为左边 3 个容器、中间两个容器和右边 3 个容器，如图 2-17 所示。

图 2-16　在 Vscode 里形成的初始目录结构

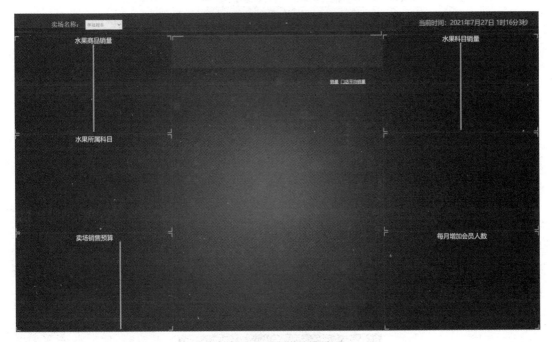

图 2-17　可视化大屏布局

本项目的大屏布局分为两部分：样式和结构，即 CSS 样式代码和 HTML 代码。这种做法能让 HTML 代码和 CSS 代码语义清晰，增强易读性和维护性。

接下来修改文件 index.html，完成 HTML 代码。

2.1.1　完成 HTML 代码

在 index.html 文件的头部需要引入相关的 JS 文件和 CSS 文件，同时在 js 目录里放入

echarts.min.js 文件。代码如下：

```
<head>
    <meta charset="UTF-8">
    <title>水果销售管理系统</title>
    <!-- 引入相关的CSS文件 -->
    <link rel='stylesheet' type='text/css' href='css/main.css'>
    <!-- 引入相关的JS文件 -->
    <script type="text/javascript" src="js/jquery.js"></script>
    <script type="text/javascript" src="js/echarts.min.js"></script>
    <script type="text/javascript" src="js/china.js"></script>
    <script type="text/javascript" src="js/echarts-wordcloud.js"></script>
</head>
```

上面代码中引入的 echarts.min.js 文件在绘制图形时要用到，china.js 文件在绘制地图时要用到，echarts-wordcloud.js 文件在绘制词云图时要用到。因此，这些文件在布局阶段虽然不需要引入，但是这里提前引入。

对于布局的上面部分，要完成下拉列表、标题和时间显示。先设置 header 标签，然后将其他元素均放在此标签中。代码如下：

```
<!--头部设计-->
<header class="flex-layout">
    ......这里放下拉列表、标题和时间显示的代码
</header>
```

接下来设置 h1 标签，完成静态标题，需要注意的是，后面会根据后端数据动态重设标题。代码如下：

```
<h1 class="h1_time" id="title">水果销售管理系统</h1>
```

再设置名为"showTime h1_time"的 div 标签，用来放置 time.js 插件。代码如下：

```
<div class="showTime h1_time"></div>
<script type="text/javascript" src="js/taskjs/time.js"></script>
```

在上面的代码中，引入了 time.js 文件，可以完成时间显示。可以扫描右边二维码查看 time.js 文件中的代码。

此时页面左上角有一个下拉列表，如图 2-18 所示。

完成 HTML
代码 time.js
文件代码

图 2-18　下拉列表

该下拉列表的内容被改变后，会调用 market_update 函数。下拉列表的内容是通过引入 marketdata.js 文件来建立的。代码如下：

```
<div class="market h1_time">
    卖场名称：
    <select id="marketName" onchange="market_update(this.value)">
```

```
    </select>
    <script type="text/javascript" src="js/taskjs/marketdata.js"></script>
</div>
```

在 taskjs 目录里创建 marketdata.js 文件，调用后端数据的地址为"/data-api/task0"，返回全部卖场名称。代码如下：

```
// ---------------------    下拉列表的内容    -------------------
function market0() {
$.ajax({
    type: 'post',
    url: "http://127.0.0.1:5000/data-api/task0",
    data: {   },
    dataType: "json",
    success: function (datas) {
        // 循环添加卖场名称到下拉列表中
        $(datas).each(function (n) {
            var text = datas[n];
            AppendNode(text);
        });
    },
    error: function (err) {
        console.log(err)
    }
})
}

function AppendNode(text) {
    $("#marketName").append("<option>" + text + "</option>");
}

market0();
```

接下来建立布局下面部分左边的 3 个容器，代码如下：

```
<!--页面主体部分-->
<section class="mainbox flex-layout">
    <!--左侧-->
    <div class="column">
        <div class="panel leftUp">
            <h2>水果商品销量</h2>
            <div class="domz">
                <div class="chart1"></div>
                <div class="chart2"></div>
            </div>
            <div class="panel-footer"></div>
        </div>
        <div class="panel leftMid">
```

```
        <h2>水果所属科目</h2>
        <div class="chart"></div>
        <div class="panel-footer"></div>
    </div>
    <div class="panel leftDown">
        <h2>卖场销售预算</h2>
        <div class="domz">
            <div class="chart1 boxplot1"></div>
            <div class="chart2"></div>
        </div>
        <div class="panel-footer"></div>
    </div>
</div>
......这里准备放中间容器部分代码
......这里准备放右边容器部分代码
</section>
```

建立布局下面部分中间两个容器，代码如下：

```
<!--中间-->
<div class="column column2">
    <!-- 表示同时使用column和column2这两个类样式 -->
    <!--no模块-->
    <div class="no">
        <div class="no-hd">
            <ul class="no-ul">
                <li id="no-rishang"></li>
                <li id="no-TC"></li>
                <li id="no-AC"></li>
                <li id="no-sale"></li>
            </ul>
        </div>
        <div class="no-bd">
            <ul>
                <li id="rishang"></li>
                <li id="TC"></li>
                <li id="AC"></li>
                <li id="sale"></li>
            </ul>
        </div>
    </div>
    <!--地图模块-->
    <div class="map">
        <a href="javascript:;" class="mapA">销量</a>
        <a href="javascript:;" class="mapA">门店平均销量</a>
        <div class="chart"></div>
```

```
        </div>
</div>
```

布局下面部分右边 3 个容器可以仿照左边容器来建立，此时 index.html 文件初步建立完成。但是在打开 index.html 文件时，还无法看到如图 2-17 所示的效果，因为样式代码没有完成。接下来修改样式文件 main.css。

2.1.2 完成样式代码

先完成全局和字体的样式设置，代码如下：

```
*{
    margin: 0;
    padding: 0;
    list-style: none;
}
    /*CSS 初始化*/
    /* 声明字体*/
    @font-face {
      font-family: electronicFont;
      src: url("font/DS-DIGIT.TTF");
    }
```

然后完成 body 样式设置，在 body 样式里，用图 bg.jpg 设置页面背景。代码如下：

```
/* body背景*/
body {
    display: flex;
    flex-direction: column;
    width: 100vw;
    height: 100vh;
    /* 背景图 */
    background: url("images/bg.jpg") repeat top center;
    background-size: cover;
    overflow: hidden;
}
```

标签<header>和<section>都有一个名为 flex-layout 的 class 属性，因此，下面的样式设置同时影响了标签<header>和<section>：

```
.flex-layout {
    display: flex;
    justify-content: center;
}
```

接下来完成布局整个下面部分样式的设置，代码如下：

```
.mainbox {
    flex: 9;
    padding: 0.1vh 0.1vh 0;
}
```

接下来完成布局上面部分的头部样式设置，包括整个页面头部、标题、showTime 容器、下拉列表等的样式。代码如下：

```css
/*  头部背景图片和大小  */
header {
    position: relative;
    background: url("images/head_bg.png") no-repeat top center;
    background-size: 100% 100%;
}
/* 标题样式*/
.h1_time {
    height: 7vh;
    font-size: 3vh;
    line-height: 7vh;
    color: #fff;
}
/* 时间显示样式*/
.showTime {
    position: absolute;
    left: 77vw;
    font-size: 2vh;
    color: rgba(255, 255, 255, 0.7);
    overflow: hidden;
}
/* 下拉列表样式 */
.market{
    color: #b0e6f0;
    position: absolute;
    top: 1vh;
    left: 7vw;
    line-height: 5vh;
    font-size: 2vh;
    foground-color: #ffffff;
    colont-family: "Droid Serif", "DejaVu Serif", "STIX", serif;
}
#marketName{
    backr: #000;
    opacity: .9;
    padding: 0.016vh;
    border-radius: 0.02vh;
    border: 0.024rem solid #fff;
    width: 7vw;
    height: 3vh;
    font-size: 0.2rem;
    font-family: "宋体";
}
```

接下来完成布局下面部分的主体样式设置，代码如下：

```css
/* 主体 */
.column {
    width: 30%;
    display: flex;
    flex-direction: column;
}
.column2 {
    margin: 0.1vh .15vh;
    width: 40%;
}
.panel {
    position: relative;
    display: flex;
    flex-direction: column;
    flex: 1;
    border: 1px solid rgba(25, 186, 139, 0.17);
    background: url("images/line(1).png");
    padding: 0 0.15vh 0.5vh;
    margin-bottom: 0.15vh;
}
```

为了页面的美化，对每个图形所在外框的 4 个角进行修饰，形成 4 个半角框。相应代码可扫描右边二维码查看。

对图形所在的容器设置样式，代码如下：

```css
.panel > h2 {
    flex:1;
    text-align: center;
    color: #fff;
    font-size: 2vh;
    font-weight: 400;
}
.domz {
    flex:15;
    display: flex;
    flex-direction: row;
}
.panel > .chart {
    flex:15;
}
.chart1 {
    flex:1;
}
.chart2 {
    flex:1;
```

```
        /* 在两个图之间放一根竖线作为间隔 */
        border-left: 0.5vh solid #02a6b5;
}
/* 箱线图1的占比 */
.boxplot1 {
        flex: 2;
}
```

对显示关键数据的文字部分设置样式，代码如下：

```
/* 中间布局：数字文本部分 */
/* 数字文本部分占中间列的1份，地图map占8份 */
.no {
        flex: 1;
        background: rgba(101, 132, 226, 0.1);
    }
/* 数字部分，设置左上角和右下角 */
.no-hd {
        position: relative;
        border: 1px solid rgba(25, 186, 139, 0.17);
    }
.no-hd:before {
        content: "";
        position: absolute;
        width: 30px;
        height: 10px;
        border-top: 2px solid #02a6b5;
        border-left: 2px solid #02a6b5;
        top: 0;
        left: 0;
    }
.no-hd:after {
        content: "";
        position: absolute;
        width: 30px;
        height: 10px;
        border-bottom: 2px solid #02a6b5;
        border-right: 2px solid #02a6b5;
        bottom: 0;
        right: 0;
    }
/* 用空格间隔 */
.no ul {
        display: flex;
        justify-content: space-around;
    }
/* 数字*/
```

```css
    .no-hd li {
        position: relative;
        line-height: 5vh;
        text-align: center;
        font-size: 2vw;
        color: #ffeb7b;
        padding: 0.05vh 0;
        font-family: electronicFont;
        font-weight: bold;
    }
/* 用竖线隔开 */
.no-hd li:first-child::after {
        content: "";
        position: absolute;
        height: 50%;
        width: 1px;
        background: rgba(255, 255, 255, 0.2);
        right: 0;
        top: 25%;
    }
/* 文本*/
.no-bd li {
        text-align: center;
        font-size: 2vh;
        line-height: 5vh;
        color: rgba(255, 255, 255, 0.7);
        padding-top: 0.125vh;
    }
```

对地图所在容器设置样式，代码如下：

```css
/* 地图占8份 */
.map {
        position: relative;
        flex: 8;
    }
.map .chart {
        height: 100%;
    }
/* "选择切换" 的样式 */
.mapA {
        position: absolute;
        left: 80%;
        top: 3.5vh;
        color: #fff;
        text-decoration: underline;
        font-size: 0.1875vh;
```

```
    /* 设置为第一层 */
    z-index: 1;
  }
.mapA:nth-child(1) {
    left: 75%;
  }
```

至此，main.css 文件建立完成。在 Vscode 里打开 index.html 文件后，选择"运行"菜单，然后选择"启动调试"选项，可以看到如图 2-17 所示的布局已经成功显示。

2.2 图形展示

EChars 知识点

散点图、词云图、关系图、地图、气泡图、异型柱状图、仪表图、折线图、箱线图的配置和绘制；后端数据在前端页面的展示方法。

完成了布局任务以后，用 ECharts 大数据可视化技术绘图。

图形展示的每个任务均用一个 JS 文件完成，然后将所有任务的 JS 文件均放入 js 目录的 taskjs 目录中；再修改 index.html 文件，引入这些 JS 文件，形成图形展示。这样做的好处是：当想更换某个任务的图形时，只需修改相应的 JS 文件，而不必修改整个代码。

本项目虽然涉及 9 个卖场的大屏展示，但是每个大屏展示的图形都是一样的，因此只需在每个任务的 JS 文件里定义有一个传入参数的函数。当要展示图形时，以当前卖场名称作为参数调用此函数就可以展示当前卖场大屏里相应的图形。

另外，还要在此 JS 文件的最后对函数进行调用，以便在载入此 JS 文件时就可以执行函数，即当页面打开、刷新时，均可以顺利展示初始大屏。下面以任务 1 的子任务 1 为例，代码如下：

```
<!-- 默认卖场华冠超市 -->
function market1a(market_name = '华冠超市') {
......这里写入具体做法的代码
}


// 启动、刷新浏览器时调用
market1a();
```

每个任务均采用 jQuery 的 get()方法来获取后端数据。下面统一将获取后端数据的 IP 地址和端口设定为"127.0.0.1:5000"，以任务 1 的子任务 1 为例说明获取数据的方法。

当前端发送一个 HTTP GET 请求到"http://127.0.0.1:5000/data-api/task1a"地址后，就可以获取到后端数据并赋值给变量 data，然后前端就可以利用变量 data 来绘制图形了。代码如下：

```
<!-- 默认卖场华冠超市 -->
function market1a(market_name = '华冠超市') {
    $.post('http://127.0.0.1:5000/data-api/task1a',
                     {market_name: market_name}).done(function (data){
    ......这里写利用变量data绘制图形的代码
)};
}


// 启动、刷新浏览器时调用
market1a();
```

其他任务都可以仿照任务 1 的子任务 1 来获取后端数据。需要特别注意的是，后端 Flask 服务必须是运行状态。

2.2.1　任务 1 两图展示

1．子任务 1 散点图展示

任务所需 ECharts 知识点：散点图的绘制和配置。

每个卖场在很多省都有自己的门店，现在需要监测各省各商品的销售情况以便能更好地针对各省做出具体决策，因此本任务是展示各省水果销售情况。经项目组讨论，认为散点图散点的分布可以很清楚地反映各省各商品的销售情况，因此本任务选择散点图来完成图形展示。

思政元素导入：　　　　　　　　**中国果树产业发展取得巨大成就**

改革开放以来，我国果树产业发展取得巨大成就，年产值约 1 万亿元，从业人口 1 亿人左右，果树种植面积和产量均居世界首位，人均果品占有量达 195kg。我国已成为果树产业第一大国。

建立 01leftup1.js 文件完成散点图，并展现在大屏左边最上面的容器左边。先将要绘制的图形和相应的容器绑定，代码如下：

```
var myChart = echarts.init(document.querySelector(".leftUp .domz .chart1"));
```

然后在 option 里完成各种图形配置，代码如下：

```
var option = {
    //这里写各种图形的配置代码
        };
```

散点图标题 title 的配置代码如下：

```
title:{
    text:'各省商品销量',
```

```
    left:'center',
    textStyle: {
      fontSize:12,
      color: '#f3f3f3'
      },
  },
```

散点图提示 tooltip 的配置采用默认设置。代码如下：

```
tooltip: { },
```

散点图网格 grid 的配置代码如下：

```
grid:{
    left: '2%',
    right: '2%',
    bottom: '2%',
    top: '13%',
    containLabel: true
  },
```

散点图的 x 坐标轴 xAxis 的配置：type 为 category，表示为类别型的轴，即采用离散的类别型数据；调用的后端数据为 data['index']。代码如下：

```
xAxis: {
    type: 'category',
    data: data['index'],
    axisLabel: {
        color: '#d5d5d5',
        interval: 0,
        rotate: 45,
        fontSize:10,
    },
    axisTick: { show: false}
  },
```

散点图的 y 坐标轴 yAxis 的配置：将 type 设置为 value，表示为数值类型的轴，即采用连续型数据；设置坐标轴刻度的最大值和最小值；设置坐标轴标签、分隔线等。代码如下：

```
yAxis: {
    type: 'value',
    min: function (value) {
      return value.min;
    },
    max: function (value) {
      return value.max;
    },
    axisLabel: {
      formatter:function(value){
          return (value/10000).toFixed(0)+'万斤'
      },
```

```
        textStyle: {
            color: '#d5d5d5'
        }
    },
    splitLine: {
        lineStyle: {
            color: 'rgba(255,255,255, .2)'
        }
    }
},
```

散点图 series 配置项的配置：调用的后端数据为 data['data']，这就是散点图散点的数据；"type: 'scatter'"表示要绘制的图形是散点图。代码如下：

```
series: [{
    type: 'scatter',
    symbolSize: 6,
    data: data['data'],
    itemStyle: {
        color: '#92dcd7'
    }
}]
```

另外，绘制图形还需要调用 myCharts.setOption，代码如下：

```
myCharts.setOption(option)
```

添加 JS 事件，当页面大小改变时，触发图表自适应功能。代码如下：

```
window.addEventListener("resize", function () {
    myChart.resize();
});
```

散点图要展现，还必须在 index.html 文件里增加代码，其他任务均可以仿照此做法增加代码，只需将 01leftup1.js 换成其他任务的 JS 文件名并将 market_update 函数里的 market1a 换成其他任务的函数名即可（注意：market_update 函数就是当下拉列表的内容改变时被调用的函数，它也建立在这里）。代码如下：

```
<script>
    //散点图
    document.write("<scr"+"ipt src='js/taskjs/01leftup1.js'></scr"+"ipt>");
    //其他任务可以仿照此句在这里依次增加代码
    // 当下拉列表的内容发生变化时，调用函数，传入卖场名称，更新数据
    function market_update(market_name) {
        // 当下拉列表改变数据时，更换图表的数据
        market1a(market_name);
        //其他任务也是仿照此句在这里依次增加代码
    }
</script>
```

散点图最后呈现的结果如图 2-19 所示。

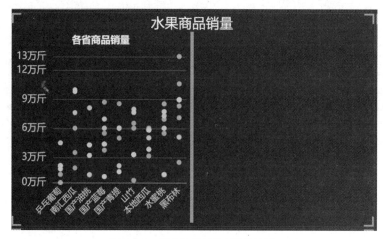

图 2-19　散点图最后呈现的结果

散点图在页面中的显示结果如图 2-20 所示。每做好一个任务，页面就会多出现一个图形，全部任务做好后，可视化大屏展示就全部完成了。

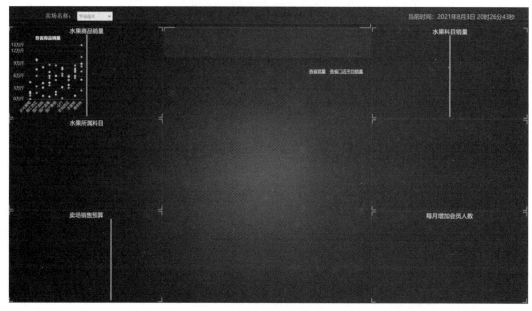

图 2-20　散点图在页面中的显示结果

2. 子任务 2 词云图展示

任务所需 ECharts 知识点：词云图的绘制和配置。

卖场需要查看所销售的水果在全国范围内销售情况的对比，以便更好地做出增加或减少进货等针对性决策，因此，本任务是展示全国水果销售情况。经项目组讨论，认为词云图的"词云"可以很清楚地将每种水果的销售情况进行对比，因此本任务选择词云图来完成图形展示。

思政元素导入：   中国果业飞速发展

我国水果种植面积和产量居前 6 位的树种分别是柑橘、苹果、梨、桃、葡萄和香蕉。果业已成为我国农业的重要组成部分，在种植业中，其种植面积、产量和产值仅次于粮食、蔬菜，排在第 3 位。果业在保障食物安全、生态安全、人民健康、农民增收和农业可持续发展中的作用日益凸显。

建立 01leftup2.js 文件完成词云图，并展现在大屏左边最上面的容器右边。先将要绘制的图形和相应的容器绑定，代码如下：

```
var myChart = echarts.init(document.querySelector(".leftUp .domz .chart2"));
```

然后在 option 里完成各种图形配置，代码如下：

```
var option = {
    //这里写各种图形的配置代码
        };
```

词云图标题 title 的配置代码如下：

```
title:{
    text:'全国水果销量',
    left:'center',
    textStyle: {
        fontSize:12,
        olor: '#f3f3f3'
    },
},
```

词云图提示 tooltip 的配置采用默认设置。代码如下：

```
tooltip: { },
```

词云图 series 配置项的配置：调用的后端数据为 data['wordCloud']，这就是词云图词云的数据；"type: 'wordCloud'"表示要绘制的图形是词云图。代码如下：

```
series: [{
    type: 'wordCloud',          //版本需要ECharts 5以上
    rotationRange: [-90, 90],   //字体旋转的角度
    sizeRange: [12, 50],        //字体大小的范围
    gridSize: 10,               //字体分布的密集程度
    shape: 'pentagon',          //五边形词云图，可以为圆形（circle）等
    width: '50%',               //词云图的宽度
    height: '46%',              //词云图的高度
    drawOutOfBound: true,       //词云图超出画布也显示
    textStyle: {
```

```
    color: function () {
    return 'rgb(' + [
        Math.round(Math.random() * 255),
        Math.round(Math.random() * 240),
        Math.round(Math.random() * 210)
    ].join(',') + ')';
    }
    },
    emphasis: {
        textStyle: {
        shadowBlur: 10,
        shadowColor: '#333'
        }
    },
  data: data['wordCloud']
  },
]};
```

词云图也需要调用 myCharts.setOption、添加 JS 事件并在 index.html 文件里增加相应的代码，可以仿照任务 1 的子任务 1 来完成。

词云图最后呈现的结果如图 2-21 所示。

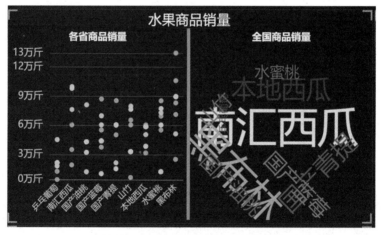

图 2-21　词云图最后呈现的结果

2.2.2　任务 2 关系图展示

任务所需 ECharts 知识点：关系图的绘制和配置。

经调研发现，很多卖场在保存水果数据时，经常弄错水果所属科目，此时需要能及时对此错误进行纠正，因此本任务是展示当前卖场的水果和所属科目的关系。经项目组讨论，认为关系图可以很清楚地反映水果和所属科目的关系，因此本任务选择关系图来完成图形展示。

爱岗敬业

爱岗敬业指的是忠于职守的事业精神，这是职业道德的基础。爱岗就是热爱自己的工作岗位，热爱本职工作；敬业就是要用一种恭敬严肃的态度对待自己的工作。

一份职业，一个工作岗位，都是一个人赖以生存和发展的基础保障。同时，一个工作岗位的存在，往往也是人类社会存在和发展的需要。因此，爱岗敬业不仅是个人生存和发展的需要，还是社会存在和发展的需要。爱岗敬业是一种普遍的奉献精神。

建立 02leftmid.js 文件完成关系图，并展现在大屏左边中间的容器里。先将要绘制的图形和相应的容器绑定，代码如下：

```
var myChart = echarts.init(document.querySelector(".leftMid .chart"));
```

然后在 option 里完成各种图形配置，代码如下：

```
var option = {
    //这里写各种图形的配置代码
};
```

关系图初始动画的配置代码如下：

```
//指定动画播放完成所需的时间
animationDurationUpdate: 1500,
//动画的加载效果
animationEasingUpdate: 'quinticInOut',
```

关系图提示 tooltip 的配置代码如下：

```
tooltip: {
    trigger: 'item',
    axisPointer: { type: 'shadow'    }
        },
```

关系图 series 配置项的配置：调用的后端数据为 data['data']，"type: 'graph'" 表示要绘制的图形是关系图。代码如下：

```
series: [{
    type: 'graph',
     //'none' 表示不采用任何布局，使用节点中提供的 x、y 作为节点的位置
     //另外，'circular' 表示采用环形布局，'force' 表示采用力引导布局
    layout: 'none',
     //标记的大小可以设置成50这样的数字
     //标记的大小也可以用数组分开表示宽和高，如 [20,10] 表示标记的宽为20，高为10
    symbolSize: 50,
     //是否开启鼠标缩放和平移漫游功能（默认不开启）
     //如果只想开启鼠标缩放或平移漫游功能，则可设置成 'scale' 或 'move'
```

```
        //设置成 true 表示都开启
        roam: true,
        //边两端的标记类型: 可以用一个数组分别指定两端, 也可以单个统一指定
        //默认不显示标记, 常见的可以设置为箭头
        edgeSymbol: ['circle', 'arrow'],
        //边两端的标记大小: 可以用一个数组分别指定两端, 也可以单个统一指定
        edgeSymbolSize: [4, 10],
        edgeLabel: {
            fontSize: 20
        },
        data: data['data'],
        links: data['links'],
        label: {
            show: true,
            color: '#4f4f4f',
            fontSize: 12,
        },
        itemStyle: {
            color: function (param) {
                var colorList = ['#6bc0fb', '#b0a0d4', '#fedd8b', '#92dcd7', '#E88AF2',
                            '#b8edff', '#ffb5a6', '#ff8d8d', '#2581d7', '#F0B85C'];
                var i = param.dataIndex;
                if (param.dataIndex > 8) {    i = i-9;          }
                return colorList[i]
            },
        },
        lineStyle: {
            opacity: 0.9,
            width: 2,
            color: 'source',
            curveness: 0.3
        },
        emphasis: {
            focus: 'adjacency',
            lineStyle: {
                width: 10
            }
        }
    }]
```

　　关系图也需要调用 myCharts.setOption、添加 JS 事件并在 index.html 文件里增加相应的代码，可以仿照任务 1 的子任务 1 来完成。

　　关系图最后呈现的结果如图 2-22 所示。

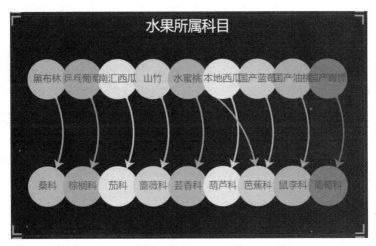

图 2-22　关系图最后呈现的结果

2.2.3　任务 3 两图展示

1. 子任务 1 "大" 箱线图展示

<u>任务所需 ECharts 知识点：</u>箱线图的绘制和配置。

卖场所属的所有门店都会根据自身的情况做出销售预算要求。管理人员需要了解门店销售预算的合理性，重点监控不合理的门店销售预算，因此本任务是展示全部卖场销售预算的情况。经项目组讨论，认为箱线图的 "异常点" 可以很清楚地反映销售预算的异常情况，因此本任务选择箱线图来完成图形展示。

<u>思政元素导入：</u>　　　　　　　　　　　**廉洁自律**

廉洁自律不仅是一种思想境界，还是一种责任要求。特别是中共党员，要通过自我反省、自我教育、自我修养、自我约束、自我改造来切实履行立党为公、执政为民的责任。

建立 03leftdown1.js 文件完成箱线图，并展现在大屏左边最下面的容器左边。先将要绘制的图形和相应的容器绑定，代码如下：

```
var myChart = echarts.init(document.querySelector(".leftDown .chart1"));
```

然后在 option 里完成各种图形配置，代码如下：

```
var option = {
    //这里写各种图形的配置代码
    };
```

箱线图数据集 dataset 的配置：调用的后端数据为 data['value']，"type: 'boxplot'" 表示数据是箱线图的数据。代码如下：

```
dataset: [{
    source: data['value']
        },
    {transform: {
        type: 'boxplot',
        config: {
            // 配置x轴
            itemNameFormatter: function (param) {
                return data['index'][param['value']]
            },
        },
        print: true,              // 开启之后，config函数里的console.log()才显示
    }},
    {
        fromDatasetIndex: 1,      // 异常值显示需要这一句
        fromTransformResult: 1   // 异常值显示需要这一句
    }
],
```

箱线图提示 tooltip 的配置：利用回调函数显示最小值、最大值、Q1、Q3 等提示内容。代码如下：

```
tooltip: {
    trigger: 'item',
    axisPointer: {
        type: 'shadow'
    },
    formatter: function (param) {
        var result = param.name + '<br>';
        var label = ['min', 'Q1', 'median', 'Q3', 'max'];
        label.forEach((d, i) => {
            result = result + param.marker + d +
                        "<b style=\"display:inline-block;margin-left:35px;\">"
                        + param.value[i+1] + "</b><br>"
        });
        // 返回结果
        return result
    }
},
```

箱线图网格 grid 的配置代码如下：

```
grid: {
    left: '2%',
    top: '4%',
    bottom: '0%',
    right: '2%',
    containLabel: true,
},
```

　　箱线图的 x 坐标轴 xAxis 的配置：type 为 category，表示为类别型的轴，即采用离散的类别型数据；设置了文本标签颜色等。代码如下：

```
xAxis: {
    type: 'category',
    axisTick: {
        show: false,//设置为true可以看见效果
    },
    axisLine: {
        show: false,//设置为true可以看见效果
    },
    splitLine: {
        show: false //设置为true可以看见效果
    },
    axisLabel: {
        textStyle: {
            color: '#d5d5d5',
            fontSize: 12,
        },
        interval: 0,
        rotate: 24,
    },
},
```

　　箱线图的 y 坐标轴 yAxis 的配置：将 type 设置为 value，表示为数值类型的轴，即采用连续型数据；设置了在 grid 区域中的分隔区域等。代码如下：

```
yAxis: {
    type: 'value',
    axisLabel: {
        textStyle: {
            color: '#d5d5d5'
        }
    },
    axisTick: {
        show: false,//设置为true可以看见效果
    },
    axisLine: {
        show: false,//设置为true可以看见效果
    },
    splitLine: {
        show: false, //设置为true可以看见效果
        lineStyle: {
            color: '#A7BAFA',
        },
    },
    splitArea: { //单轴在grid区域中的分隔区域，默认不显示
```

```
            show: true
        },
    },
```

箱线图 series 配置项的配置："type: 'boxplot'"表示要绘制的图形是箱线图，"type: 'scatter'"表示用散点图绘制箱线图里的异常值。代码如下：

```
series: [{
    type: 'boxplot',
    datasetIndex: 1,
    itemStyle: {
        normal:{
            borderColor: {
                type: 'linear',
                x: 0,
                y: 0,
                x2: 0,
                y2: 1,
                colorStops: [{
                    offset: 0,
                     color: '#3EACE5'              // 0%处的颜色
                }, {
                     offset: 1,
                     color: '#F02FC2'              // 100%处的颜色
                }],
                globalCoord: false                // 默认为 false
            },
        borderWidth:1,
        color: {
            type: 'linear',
            x: 0,
            y: 0,
            x2: 0,
            y2: 1,
            colorStops: [{
                offset: 0,
                color: 'rgba(62,172,299,0.7)'  // 0%处的颜色
            }, {
                offset: 1,
                color: 'rgba(240,47,194,0.7)'  // 100%处的颜色
            }],
            globalCoord: false // 默认为 false
        },
      }
    },
},
    {   name: 'outlier',                          // 异常值显示需要这一句
```

```
    type: 'scatter',                    // 使用散点图显示异常值
    datasetIndex: 2,                    // 异常值显示需要这一句
  },]
```

箱线图也需要调用 myCharts.setOption、添加 JS 事件并在 index.html 文件里增加相应的代码，可以仿照任务 1 的子任务 1 来完成。

左边箱线图最后呈现的结果如图 2-23 所示。

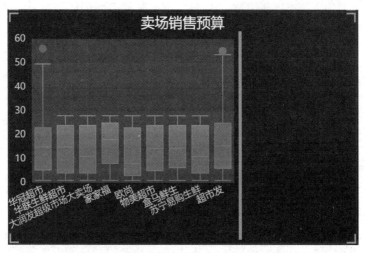

图 2-23　左边箱线图最后呈现的结果

2．子任务 2 "小"箱线图展示

箱线图的绘制和配置。

图 2-23 展现了全部卖场的销售预算情况，而当前卖场则想着重看到自己的销售预算情况，因此本任务是展示当前卖场销售预算的情况。经项目组讨论，认为箱线图的异常点可以很清楚地反映销售预算的异常情况，因此本任务选择箱线图来完成图形展示。

思政元素导入：

遵纪守法

要建设高度文明、高度民主的社会主义国家，实现中华民族的伟大复兴，就必须在全社会形成"以遵纪守法为荣、以违法乱纪为耻"的社会主义道德观念，让遵纪守法成为我们的荣誉。

建立 03leftdown2.js 文件完成箱线图，并展现在大屏左边最下面的容器右边。先将要绘制的图形和相应的容器绑定，代码如下：

```
var myChart = echarts.init(document.querySelector(".leftDown .chart2"));
```

接下来的代码和任务 3 的子任务 1 的代码几乎一样，只有数据集 dataset 的配置代码发生了变化。代码如下：

```
{
    transform: {
        type: 'boxplot',
        config: {
            //  itemNameFormatter: function (param) {
            //              return data['index'][param['value']]
            //      },
            // 本段注释的就是任务3的子任务1中的代码，改成现在的代码
            itemNameFormatter: market_name,
        },
        // print: true,
        }
    },
```

本任务的箱线图也需要调用 myCharts.setOption、添加 JS 事件并在 index.html 文件里增加相应的代码，可以仿照任务 1 的子任务 1 来完成。

本任务箱线图最后呈现的结果如图 2-24 所示。

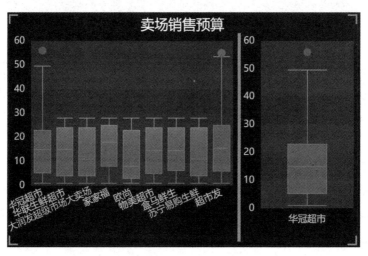

图 2-24　本任务箱线图最后呈现的结果

2.2.4　任务 4 数据显示展示

任务所需 ECharts 知识点：后端数据展示在前端页面的方法。

监控水果销售的重要指标包括全国门店平均销量、TC 客单数、AC 平均客单交易额和销售额，因此本任务是利用数据显示展示当前卖场的关键数据。经项目组讨论，认为直接从后端获取数据在前端展示可以完成本任务。

精益求精

水果销售的重要指标能让公司量化员工的销售成绩，激发员工的工作积极性。通过这种公司内部的良性竞争，促使员工在工作中精益求精。当员工将精益求精、追求完美变成一种习惯时，能从中学到更多的知识，积累更多的经验，还可以从全身心投入工作的过程中找到快乐。

建立 04midup.js 文件以获取数据，并展现在大屏中间上面的容器里。先将要绘制的图形和相应的容器绑定，代码如下:

```
$.ajax({
    type: 'post',// 请求方式
    url: "http://127.0.0.1:5000/data-api/task4",// 请求地址
    data: {market_name: market_name},// 请求参数
    dataType: "json", // 返回数据的格式
    // 请求成功的处理
    success: function (datas) {
      // 页面标题显示
      document.getElementById('title').innerText =
                            market_name + "水果销售管理系统（纯属虚构）";
      // no模块显示
      document.getElementById('no-rishang').innerText =
                                (datas['日商']/10000).toFixed(2)+'万元';
       document.getElementById('no-TC').innerText = datas['TC'];
       document.getElementById('no-AC').innerText = datas['AC'];
       document.getElementById('no-sale').innerText =
                                (datas['销售']).toFixed(0)+'万元';
      // 文本模块显示
      // 获取字典的所有键: ["AC", "TC", "日商", "销售"]
      key = Object.keys(datas);
      document.getElementById('rishang').innerText ='日商';
      document.getElementById('TC').innerText = key[1]+'客单数';
      document.getElementById('AC').innerText = key[0]+'平均客单交易额';
      ocument.getElementById('sale').innerText = key[3]+'额';
    },
    //请求失败的处理
    error: function (err) {
      console.log(err)
    }
})}
```

数据显示也需要在 index.html 文件里增加相应的代码，可以仿照任务 1 的子任务 1 来完成。

数据显示最后呈现的结果如图 2-25 所示。

图 2-25　数据展示最后呈现的结果

2.2.5　任务 5 地图展示

任务所需 ECharts 知识点：地图的绘制和配置。

因为 9 个卖场均是全国连锁经营，需要及时地查看全国各省的门店情况以帮助管理层做出全面决策，所以本任务是展示当前卖场各省总销量和门店平均销量。经项目组讨论，认为地图可以很清楚地反映全国各省的情况，因此本任务选择地图来完成图形展示。

思政元素导入：　　　　　　　　中国特色社会主义经济优势明显

国家实施苹果、柑橘和梨等优势区域发展规划以来，主要果树优势生产区域基本形成，生产集中度进一步提高，形成了多个水果优势区域，将中国特色社会主义经济优势体现得淋漓尽致。

建立 05middown.js 文件完成地图，并展现在大屏中间下面的容器里。因为各省总销量用的单位是万斤、各省门店平均销量用的单位是斤，所以先定义一个单位的变量，代码如下：

```
var unit = saleOrRishang=='各省销量'?"万斤":"斤";
```

将要绘制的图形和相应的容器绑定，代码如下：

```
var myChart = echarts.init(document.querySelector(".map .chart"));
```

然后在 option 里完成各种图形配置，代码如下：

```
var option = {
    //这里写各种图形的配置代码
        };
```

地图标题 title 的配置代码如下：

```
title: {
    text: '各省总销量和各省门店平均销量',
    textStyle: {
        color: '#4ddaf2',
        fontSize: 22,
    },
    top: 40,
    left: 50,
},
```

地图提示 tooltip 的配置：利用回调函数丰富提示内容。代码如下：

```
tooltip: {
    show: true,
    formatter: function (params) {
        return '  ' + params.name + ' :  ' +
                                        params.value + unit + '  ';
    }
},
```

地图视觉映射组件 visualMap 的配置代码如下：

```
visualMap: {
    //是否显示 visualMap-continuous 组件
    //如果设置为 false，则不会显示，但是数据映射的功能还存在
    show: true,
    type: 'continuous',// 定义为连续型 viusalMap
    calculable: true,//是否显示拖曳用的手柄（手柄能拖曳调整选中范围）
    seriesIndex: [0],//指定取哪个系列的数据，即哪个系列的 series.data，默认取所有系列
    min: 0, // handle的最小值
    realtime: true, //拖曳时是否实时更新
    inverse: false, //是否反转 visualMap 组件
    //当鼠标指针悬浮到visualMap组件上时，对应的数值在图表中对应的图形元素会高亮
    hoverLink: true,
    max: data[max], // handle的最大值
    range:[0, data[max]],
    left: '15',
    bottom: '15',
    temWidth: 27,
    itemHeight: 65,
    textStyle: {
        color: '#e6e6e6',
        fontSize: 14,
     },
    inRange: {
        color: ['#B2CAE0', '#D2EAFF', '#8AC6FD', '#45A5F8']
     },
    outOfRange: {
        color: ['#999999']
    }
},
```

地图地理坐标系组件 geo 的配置："map: 'china'" 表示中国地图。代码如下：

```
geo: {
    map: 'china',
    show: true,
    roam: true,
    zoom: 1.2,
```

```
      itemStyle: {
         normal: {
            borderColor: 'rgba(0,63,140,0.2)',
            shadowColor: 'rgba(0,63,140,0.2)',
            shadowOffsetY: 20,
            shadowBlur: 30,
         },
         emphasis: {
            // 悬浮区背景
            areaColor: new echarts.graphic.LinearGradient(0, 1, 0, 0,
                       [{offset: 0,
                         color: '#e77171'   // 渐变色的起始颜色
                        },
                        {offset: 1,
                         color: '#ecec72'   // 渐变色的结束颜色
                        }],
                        false   // 默认为 false),
            }
         },
         label: {
            show: true,
            textStyle: {
               fontSize: 11,
               color: '#e9e9e9'
            }
         }
      }
   },
```

地图 series 配置项的配置：调用的后端数据为 data[saleOrRishang]，"type: 'map'"表示要绘制的图形是地图。代码如下：

```
series: [{
    type: 'map',
    map: 'china',
    aspectScale: 0.75,
    geoIndex: 0,
    roam: true,
    label: {
       normal: {
          show: false,
       },
       emphasis: {
          show: false,
       }
    },
    itemStyle: {
       normal: {
```

```
          areaColor: '#1cd8a8',
          borderColor: '#fff',
          borderWidth: 1,
        },
        emphasis: {
          areaColor: '#FFAE00',
        }
      },
      data: data[saleOrRishang]
}]
```

地图也需要调用 myCharts.setOption、添加 JS 事件并在 index.html 文件里增加相应的代码，可以仿照任务 1 的子任务 1 来完成。

另外，在地图所在容器中有两个超链接"各省总销量"和"各省门店平均销量"，单击以后，地图会发生改变，分别展示相应的内容。代码如下：

```
// 单击切换
$(".mapA").click(function () {
    // 获取下拉列表中的卖场名称
    var market_name = $("#marketName option:selected").text();
    // 单击的是"各省总销量"还是"各省门店平均销量"超链接
    var saleOrRishang = $(this)['context']['innerText'];
    // 构建最大值名称，以便和后端数据中的名称保持一致
    var max = "max_" + $(this)['context']['innerText'];
    market5(market_name, saleOrRishang=saleOrRishang, max=max);
});
```

2.2.6　任务 6　两图展示

1. 子任务 1 气泡图展示

每个卖场的门店都分布在全国各省，此时需要监测各省各水果科目的销售情况以便更好地做出有针对性的决策，因此，本任务是展示各省各水果科目的销售情况。经项目组讨论，认为气泡图可以很清楚地反映各省各水果科目的销售情况，因此本任务选择气泡图来完成图形展示。

思政元素导入：　　　　　　　　　党和国家的正确领导

在国家现代农业产业技术体系等专项的长期稳定支持下，我国主要果树新品种的引进与选育推广工作成效显著，果树品种结构调整进一步优化，适宜国内外市场需求的新品种得到大面积推广，品种结构明显改善。

建立 06rightup1.js 文件完成气泡图，并展现在大屏右边最上面的容器左边。先将要绘制的图形和相应的容器绑定，代码如下：

```
var myChart = echarts.init(document.querySelector(".rightUp .domz .chart1"));
```

然后在 option 里完成各种图形配置，代码如下：

```
var option = {
    //这里写各种图形的配置代码
        };
```

气泡图提示 tooltip 的配置代码如下：

```
tooltip: {
   trigger: 'axis',
   axisPointer: {
     type: 'shadow',
     borderColor: 'rgba(124,128,244, .5)',
   },
},
```

气泡图网格 grid 的配置代码如下：

```
grid: {
    top: '15%',
    left: '2%',
    right: '3%',
    bottom: '2%',
    containLabel: true
},
```

气泡图标题 title 的配置代码如下：

```
title:{
   text:'各省水果分科销量',
   left:'center',
   textStyle: {
     fontSize:12,
     color: '#f3f3f3'
   },
},
```

气泡图的 x 轴 xAxis 的配置：type 为 category，表示为类别型的轴，调用的后端数据为 data['产品分类']。代码如下：

```
xAxis: {
   type: 'category',
   boundaryGap: true,
   data: data['产品分类'],
   axisLine: {
      show: false
   },
   axisLabel: {
```

```
        textStyle: {
            color: '#f3f3f3'
        },
        rotate:45,
        fontSize:9,
    },
    axisTick: {
        show: false
    },
},
```

气泡图的 y 轴 yAxis 的配置：将 type 设置为 value，表示为数值类型的轴。代码如下：

```
yAxis: {
    type: 'value',
    splitLine: {
        show: true,
        lineStyle: {
            color: 'rgba(255,255,255,.2)',
        }
    },
    axisLabel: {
        formatter: '{value} 万',
        textStyle: {
            color: '#f3f3f3'
        }
    },
    nameTextStyle: {
        color: '#fff'
    },
    axisLine: {
        show: false
    },
    axisTick: {
        show: false
    },
    scale: true
},
```

气泡图 series 配置项的配置：调用的后端数据为 data['data']；"type: 'scatter'"表示要绘制的图形是散点图，气泡图实际上是散点图的一种特殊图形。代码如下：

```
series: [{
    type: 'scatter',
    data: data['data'],
    symbol: 'pin',
    // 气泡大小
    symbolSize: function (data) {
```

```
        return data[1] * 3;
    },
    itemStyle: {
        shadowBlur: 25,
        shadowColor: 'rgba(25, 100, 150, 0.8)',
        shadowOffsetY: 5,
        color: '#1cd8a8',
    }
}]
```

气泡图也一样需要调用 myCharts.setOption 及在 index.html 文件里增加代码, 可以仿照任务 1 的子任务 1 来完成。

气泡图最后呈现的结果如图 2-26 所示。

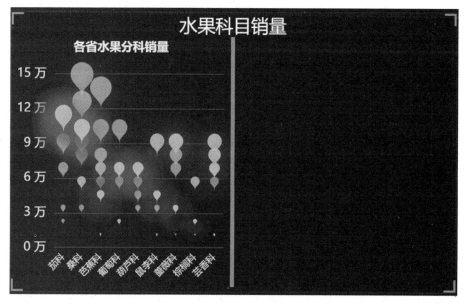

图 2-26　气泡图最后呈现的结果

2. 子任务 2 异型柱状图展示

任务所需 ECharts 知识点: 异型柱状图的绘制和配置。

全国性连锁卖场需要监测全国各水果科目的销售情况以便更好地做出有针对性的决策, 因此本任务是展示全国各水果科目的销售情况。经项目组讨论, 认为异型柱状图可以很清楚地反映全国各水果科目的销售情况, 因此本任务选择异型柱状图来完成图形展示。

中国果树品种繁多

据统计，自 2017 年 5 月 1 日《非主要农作物品种登记办法》（仅苹果、柑橘、香蕉、梨、葡萄、桃 6 种果树列入第一批目录）正式实施以来，共有 300 多个果树品种获得农业农村部登记。

建立 06rightup2.js 文件完成异型柱状图，并展现在大屏右边最上面的容器右边。先将要绘制的图形和相应的容器绑定，代码如下：

```
var myChart = echarts.init(document.querySelector(".rightUp .domz .chart2"));
```

接下来定义柱子颜色变量和柱子宽度变量，代码如下：

```
var colors = {
    type: 'linear',
    x: 0,
    x2: 1,
    y: 0,
    y2: 0,
    colorStops: [{
        offset: 0,
        color: '#8470FF'
        }, {
        offset: 0.5,
        color: '#8470FF'
        }, {
        offset: 0.5,
        color: '#7EC0EE'
        },
        {
        offset: 1,
        color: '#7EC0EE'
        }]
    };
var barWidth = 20;
```

然后在 option 里完成各种图形配置，代码如下：

```
var option = {
    //这里写各种图形的配置代码
    };
```

异型柱状图提示 tooltip 的配置代码如下：

```
tooltip: {
        trigger: 'axis',
        axisPointer: {
            type: 'shadow' // 默认为直线，可选为'line' 或 'shadow'
        },
```

```
formatter: function (params) {
    return params[0]['name'] + ': ' + params[0]['value'] + '万斤'
}
},
```

异型柱状图网格 grid 的配置代码如下：

```
grid: {
    left: '9%',
    right: '7%',
    bottom: '7%',
    top: '24%',
    containLabel: true
},
```

异型柱状图标题 title 的配置代码如下：

```
title:{
    text:'全国水果分科销量',
    left:'center',
    textStyle: {
        fontSize:12,
        color: '#f3f3f3'
    },
},
```

异型柱状图图例 legend 的配置代码如下：

```
legend: {
    left: 880,
    selectedMode: true, //取消图例上的单击事件
    top: 1,
    textStyle: {
        color: "black",
        fontSize: 14
    },
    itemWidth: 12,
    itemHeight: 10,
    color: '#fff'
},
```

异型柱状图的 x 轴 xAxis 的配置：type 为 category，表示为类别型的轴，调用的后端数据为 data['产品分类']。代码如下：

```
xAxis: {
    type: 'category',
    data: data['产品分类'],
    axisLine: {
        show: false,
    },
    axisLabel: {
```

```
            rotate: 45,
            fontSize:10,
            textStyle: {
                fontFamily: 'Arial',
                color: '#cecece'
            }
        },
        axisTick: {
            alignWithLabel: true,
        },
        boundaryGap: 0,
        offset: 10,
    },
```

异型柱状图的 y 轴 yAxis 的配置：将 type 设置为 value，表示为数值类型的轴。代码如下：

```
yAxis: {
        type: 'value',
        name: "销量/(万斤)",
        axisLine: {
            show: false,
            lineStyle: {
                color: '#cecece'  //左侧显示线
            }
        },
        axisTick: {
            show: false
        },
        splitLine: {
            show: true,
            lineStyle: {
                type: 'dashed',
                color: 'rgba(255,255,255,.2)'
            }
        },
        axisLabel: {
            fontSize: 12
        },
        offset: 10,
    },
```

异型柱状图 series 配置项的配置：调用的后端数据为 data['销量']，"type: 'bar'" 表示要绘制的图形是柱状图，"type: 'pictorialBar'" 表示要绘制的图形是异型柱状图。代码如下：

```
series: [
    {
        type: 'bar',
        barWidth: 20, //这里可以使用前面定义的barWidth变量
```

```
                itemStyle: {
                    normal: {
                        color: colors,
                        barBorderRadius: 0,
                    },
                },
                label: {
                    show: true,
                    position: ['6', '-20'],
                    color: '#8e75cf',
                    fontSize: 9,
                },
                data: data['销量'],
            },
            {
                z: 2,//图层值
                type: 'pictorialBar',
                data: [1, 1, 1, 1, 1, 1, 1],      //自定义值构建柱子
                symbol: 'diamond',                //内部类型：方块、圆等
                symbolOffset: ['0%', '50%'],      //柱子的位置
                symbolSize: [barWidth, 10],       //单个symbol的大小
                itemStyle: {
                    normal: {
                        color: colors            //使用colors变量
                    }
                },
            },
            {
                z: 3,//图层值
                type: 'pictorialBar',
                symbolPosition: 'end',
                data: data['销量'],
                symbol: 'diamond',
                symbolOffset: ['0%', '-50%'],
                //这里使用了barWidth变量
                symbolSize: [barWidth - 4, 10 * (barWidth - 4) / barWidth],
                itemStyle: {
                    normal: {
                        borderColor: '#8470FF',
                        borderWidth: 2,
                        color: '#7EC0EE'
                    }
                },
            },
        ]
```

异型柱状图也需要调用 myCharts.setOption、添加 JS 事件并在 index.html 文件里增加相应的代码，可以仿照任务 1 的子任务 1 来完成。

异型柱状图最后呈现的结果如图 2-27 所示。

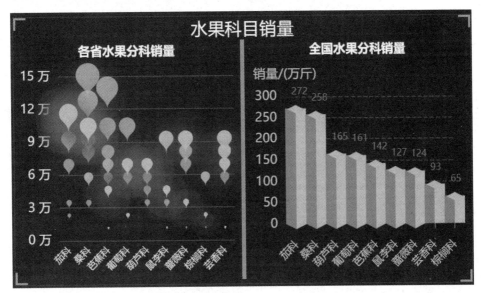

图 2-27　异型柱状图最后呈现的结果

2.2.7　任务 7 仪表图展示

任务所需 ECharts 知识点：仪表图的绘制和配置。

因为卖场之间存在竞争，当前卖场希望了解自己的销量在国内所占比重，所以本任务是展示当前卖场销量占全部卖场总销量的比重。经项目组讨论，认为仪表图可以很清楚地反映当前卖场销量占全部卖场总销量的比重，因此本任务选择仪表图来完成图形展示。

思政元素导入：

奋斗精神

艰难困苦，玉汝于成；创业维艰，奋斗以成。拥有坚如磐石的革命意志和敢打硬拼的奋斗精神，是我们党带领人民战胜困难、取得胜利的力量源泉。

建立 07rightmid.js 文件完成仪表图，并展现在大屏右边中间的容器里。先给图形确定一个标题，代码如下：

```
document.getElementById('gauge').innerText = market_name + "占全部超市销量的比重";
```

将要绘制的图形和相应的容器绑定，代码如下：

```
var myChart = echarts.init(document.querySelector(".rightMid .chart"));
```

然后在 option 里完成各种图形配置，代码如下：

```
var option = {
    //这里写各种图形的配置代码
    };
```

仪表图提示 tooltip 的配置代码如下：

```
tooltip: {
            formatter: '{a} <br/>{b} : {c}%'
    },
```

仪表图 series 配置项的配置：调用的后端数据为 data['total']、data['value']和 data['name']，"type:'gauge'" 表示要绘制的图形是仪表图。代码如下：

```
series: [{
        type: 'gauge',
        // 仪表图起始角度，默认为225°
        // 以圆心为参照，正右手侧为0°，正上方为90°，正左手侧为180°
        startAngle: 90,
        endAngle: -270,          // 仪表图结束角度，默认为-45°
        max:data['total'],       //所有超市的销售总额
        // 仪表图半径，默认为75%
        radius: '100%',
        pointer: {               // 仪表图指针
            show: false,         // 是否显示指针，默认为true
            // 指针长度可以是绝对数值，也可以是相对于半径的百分比，默认为80%
            length: "70%",
            width: 5,            // 指针宽度，默认为8
        },
        progress: {              // 在仪表图圆环处设置进度条
            show: true,
            overlap: false,
            roundCap: true,
            clip: false,
            itemStyle: {
                borderWidth: 1,
                borderColor: '#464646'
            }
        },
        axisLine: {
            lineStyle: {
                width: 20
            }
        },
        splitLine: {
            show: false,
```

```
            distance: 0,
            length: 10
        },
        axisTick: {
            show: false
        },
        axisLabel: {
            show: false,
            distance: 50
        },
        data: [
            {
                value: data['value'],
                name: data['name'],
                title: {
                    offsetCenter: ['0%', '-25%']
                },
                detail: {
                    offsetCenter: ['0%', '15%']
                }
            },
        ],
        title: {
            fontSize: 25,
            color: 'auto'

        },
        detail: {
            fontSize: 20,
            color: 'auto',
            formatter: function (value) {
                var fmt = value + '\n' + (100*value/data['total']).toFixed(2)
+ '%';

                return fmt
            }
        }
    }]
```

仪表图也需要调用 myCharts.setOption、添加 JS 事件并在 index.html 文件里增加相应的代码，可以仿照任务 1 的子任务 1 来完成。

仪表图最后呈现的结果如图 2-28 所示。

图 2-28　仪表图最后呈现的结果

2.2.8　任务 8 折线图展示

`任务所需 ECharts 知识点`：折线图的绘制和配置。

卖场的会员人数对卖场很重要，拥有更多的会员会提高卖场的整体销量，卖场需要及时了解会员人数增加的情况，因此本任务是展示当前卖场每月增加的会员人数。经项目组讨论，认为折线图可以很清楚地反映当前卖场每月增加的会员人数，因此本任务选择折线图来完成图形展示。

`思政元素导入`：　　　　　　　　　中国人民的购买力持续增强

我国居民可支配收入与支出逐年稳健增长，购买力持续增强，消费信心指数不断攀升。

建立 08rightdown.js 文件完成折线图，并展现在大屏右边最下面的容器里。先将要绘制的图形和相应的容器绑定，代码如下：

```
var myChart = echarts.init(document.querySelector(".rightDown .chart"));
```

然后在 option 里完成各种图形配置，代码如下：

```
var option = {
    //这里写各种图形的配置代码
    };
```

折线图提示 tooltip 的配置代码如下：

```
tooltip: {
    trigger: 'axis'
},
```

折线图网格 grid 的配置代码如下：

```
grid: {
    left: '3%',
```

```
                    right: '2%',
                    top: '4%',
                    bottom: '2%',
                    containLabel: true,
                },
```

折线图的 x 坐标轴 xAxis 的配置：type 为 category，表示为类别型的轴；调用的后端数据为 data['index']。代码如下：

```
xAxis: [{
                    type: 'category',
                    data: data['index'],
                    axisLine: {
                        lineStyle: {
                            color: "#bbbbbb"
                        }
                    },
                    axisTick: {show: false}
}],
```

折线图的 y 坐标轴 yAxis 的配置：将 type 设置为 value，表示为数值类型的轴。代码如下：

```
yAxis: [{
                    type: 'value',
                    max: 6000,
                    splitNumber: 5,
                    splitLine: {
                        lineStyle: {
                            type: 'dashed',
                            color: '#bbbbbb'
                        }
                    },
                    axisLine: {
                        show: false,
                        lineStyle: {
                            color: "#d5d5d5"
                        },
                    },
                    axisLabel: {
                        show: false
                    },
                    nameTextStyle: {
                        color: "#999"
                    },
}],
```

折线图 series 配置项的配置：调用的后端数据为 data['value']，"type: 'line'" 表示要绘制的图形是折线图。代码如下：

```
series: [
        {
            type: 'line',
            data: data['value'],
            lineStyle: {
                normal: {
                    width: 8,
                    color: {
                        type: 'linear',
                        colorStops: [{
                            offset: 0,
                            color: 'rgba(139, 200, 243, 1)' // 0%处的颜色
                        }, {
                            offset: 1,
                            color: 'rgba(108, 80, 243, 1)' // 100%处的颜色
                        }],
                        globalCoord: false // 默认为 false
                    },
                    shadowColor: 'rgba(72,216,191, 0.3)',
                    shadowBlur: 10,
                    shadowOffsetY: 20
                }
            },
            symbolSize: 10,
            label: {
                show: true,
                position: 'top',
                lineHeight: 20,
                borderRadius: 5,
                backgroundColor: '#ffffff',
                borderColor: '#ffffff',
                borderWidth: '1',
                padding: [5, 8, 4],
                color: '#000000',
                fontSize: 14,
                fontWeight: 'normal',
            },
            itemStyle: {
                normal: {
                    color: '#8095c1',
                }
            },
            smooth: true
}]
```

折线图也需要调用 myCharts.setOption、添加 JS 事件并在 index.html 文件里增加相应的

代码，可以仿照任务 1 的子任务 1 来完成。

折线图最后呈现的结果如图 2-29 所示。

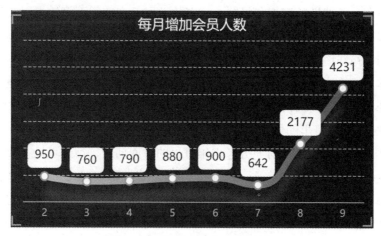

图 2-29　折线图最后呈现的结果

【项目总结】

1. 完成可视化大屏

完成前端开发以后，可以通过诸如 Tomcat 这样的 Web 应用服务器将前端发布到云服务器上，这样就可以通过 IP 或域名访问可视化大屏。本项目最后实现的可视化大屏效果如图 2-30 所示。注意：要保持后端 Flask 服务运行并能从后端获取数据。

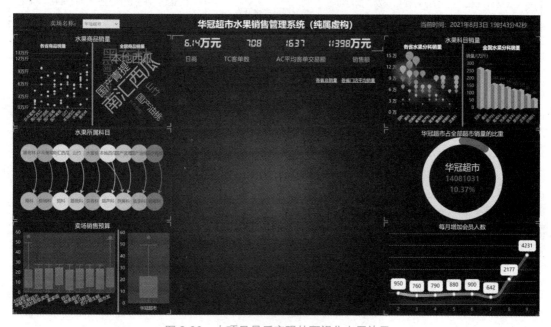

图 2-30　本项目最后实现的可视化大屏效果

2．项目重/难点

本项目的重点为掌握 ECharts 散点图、词云图、关系图、箱线图、地图、气泡图、异型柱状图、仪表图、折线图的配置和绘制，后端数据展示在前端页面的方法。其中的难点在于如何在后端处理好相应图形的数据并提供给前端使用、异型柱状图的配置和绘制、地图的配置和绘制、箱线图的配置和绘制。

本项目作为一个完整的 ECharts 大数据可视化技术开发的项目，从可视化布局、前端开发和后端开发 3 个阶段向读者展示了如何利用可视化技术完成项目的基本做法。

需要注意的是，项目里的做法并非都是最优的。例如，本项目的数据大多只取得了 2019 年 9 月的数据，处理数据时没有充分考虑年月份的时间问题，后续可以在数据处理上考虑增加时间维度，将项目做得更完善；前端用 Vscode 直接写 HTML 代码等来实现，也可以优化为用 Vue 等主流框架来开发。限于本书重点在 ECharts 知识技能点等的考虑，本项目没有采用这些做法，读者可以自行优化以便更好地提升项目开发能力。

【对接岗位】

本项目对应的就业岗位是大数据可视化开发工程师，做完本项目，可以掌握该岗位所要求的部分可视化技能知识，如表 2-5 所示。

表 2-5　大数据可视化开发工程师岗位要求

岗　　位	主要业务工作	所　需　技　能	已掌握岗位技能
大数据可视化开发工程师	数据可视化开发、撰写可视化分析报告	数据可视化开发	ECharts 部分图形的配置和绘制、大屏布局、后端开发

项目 三

浙江新能源汽车服务平台

【项目背景】

当前，世界经济面临着新一轮转型升级，智慧城市建设成为全球城市发展的方向。智慧城市利用先进的信息技术，实现城市的智慧管理和运行，为人们创造更美好的生活，并促进城市的和谐发展。在此背景下，发展新能源汽车成为汽车产业升级、城市环境治理、能源替代等方面共同的目标。

新能源汽车包括四大类型：混合动力电动汽车、纯电动汽车、燃料电池电动汽车、其他新能源（如超级电容器、飞轮等高效储能器）汽车等。目前，我国正在大力发展纯电动汽车。

课程思政：
中国汽车强国梦、劳动模范精神

发展新能源汽车是我国的国家战略，加快新能源汽车产业的发展将会让我国更快地成为汽车强国。事实上，汽车发达国家都在发展新能源汽车，我国要借新能源这一波发展趋势实现弯道超车，实现中国汽车强国梦。

为了实现中国汽车强国梦，相关人员不断地努力，涌现了很多模范。2020 年 11 月 24 日，北汽新能源工程研究院副院长、三电业务带头人代康伟荣获"全国劳动模范"。代康伟和他的三电团队创造了很多的"行业第一""国内首家""国际领先"。他是中国新能源汽车产业弯道超车的先锋代表；他会把每一件小事都做好，在过程中寻找自信，不断提高挑战难度；他认为争先最重要的就是敢想，不退、不认、不害怕、不留退路；他认为要想自主开发，那么核心技术必须由自己掌握，并且不断付出努力以掌握更多的国际领先技术。

注：本部分内容出自工业和信息化部、国家发展改革委、科技部关于印发《汽车产业中长期发展规划》的通知（工信部联装〔2017〕53 号），以及央广网。

新能源汽车的发展规模在很大程度上反映了一个城市低碳化发展的水平，而绿色、低碳目前已成为城市发展的重要方向。浙江省在建立智慧城市的过程中，为了更好地服务于新能源汽车并加快其发展，决定利用大数据可视化技术对省内各城市的新能源汽车充电设施进行数字化监控与管理，加快城市电动汽车充电设施的建设，加大新技术应用的力度，让城市更早地迈向数字化、智慧化。

本项目因此背景而展开，接到任务的项目研发人员根据项目需求进行分析后，决定采用 ECharts 大数据可视化技术来完成任务。

 【项目目标】

1. 知识技能目标

通过本项目的学习，不仅能对大数据可视化技术在实际中的应用有一个整体的了解和掌握，还能为从事大数据可视化相关工作岗位积累可视化项目研发经验。

具体需要实现的知识技能目标如下。

（1）能熟练使用 Vscode、PyCharm 等开发软件。

（2）能熟练使用 HTML 和 CSS、JavaScript 等开发技术，并能完成可视化大屏布局设计。

（3）能熟练使用 Python 技术，并能完成数据接口的实现。

（4）能熟练使用 Flask 框架。

（5）能熟练进行 ECharts 阶梯图、饼图、带富文本的饼图、桑基图、单容器多图、多列条形图的配置和绘制，能编写 ECharts 事件，能使用不同图形主题。

2. 课程思政目标

本项目在新能源汽车服务平台建设的背景中自然融入中国汽车强国梦和劳动模范精神的课程思政元素，提高读者对新能源汽车发展的了解，提升读者对劳动模范精神的向往，引导读者向榜样学习，使读者增强使命感，积极投身于我国的建设事业中。

本项目仿照企业工作的方式进行项目开发。在整个开发过程中，每个项目组成员都可以熟悉企业的工作方式，按企业开发项目的标准在规定时间内采用团队的模式分工合作，以企业客户认可的交付标准实现项目，使得读者通过项目实践提高专业技术、锻炼团队协作能力与沟通能力、增强团队精神。

本项目在阶段任务中还有许多不同的思政元素的导入，具体需要实现的课程思政目标包括团队精神、中国汽车强国梦、中国制造业、科技创新、奋斗精神等。

3. 创新创业目标

通过本项目的学习，能让读者掌握在实际工作中利用 ECharts 数据可视化技术完成所要求的可视化展示，提高读者对大数据可视化技术的应用能力，让读者了解大数据可视化开发岗位,增强读者的职业信心和利用大数据可视化技术创新创业的自信心。

通过对新能源汽车服务平台的可视化展示,读者能够掌握电动汽车充电等服务的基本要素,从而在未来创新创业时具备服务客户的能力、经营汽车相关服务企业的能力及线上管理服务型企业的能力。

具体需要实现的创新创业目标包括 ECharts 大数据可视化技术在创新创业中解决实际问题的能力、组织和领导团队协作的能力、线上管理企业的能力、经营汽车相关服务企业的能力、服务客户的能力。

4．课证融通目标

通过本项目的学习,读者可以掌握部分《大数据应用开发(Python)职业技能等级标准(2020 年 1.0 版)》初级"3.3 数据可视化"的能力,以及部分《大数据应用开发(Python)职业技能等级标准(2020 年 1.0 版)》中级"3.3 数据可视化"的能力。

具体需要实现的初级课证融通目标如下。

掌握"3.3.1 能够根据业务需求,选择数据可视化工具"的部分能力;掌握"3.3.2 能够根据业务需求,使用数据可视化工具对数据进行基本的操作与配置"的能力;掌握"3.3.3 能够根据业务需求,绘制基础的可视化图形"的部分能力;掌握"3.3.4 能够根据业务需求,辅助业务人员完成数据可视化大屏"的能力。

具体需要实现的中级课证融通目标如下。

掌握"3.3.1 能够根据业务需求使用数据可视化工具将数据以图表的形式进行展示"的能力;掌握"3.3.2 能够根据业务需求,在业务主管的指导下根据数据分析可视化结果,形成有效的数据分析报告"的部分能力;掌握"3.3.3 能够通过数据分析可视化结果,得出有效的分析结论"的部分能力;掌握"3.3.4 能够根据业务需求,实现数据可视化大屏设计"的能力。

【数据说明】

本项目提供了浙江新能源汽车服务平台的部分数据,数据具体说明如表 3-1 所示。

表 3-1　浙江新能源汽车充电设施数据

字　段　名	描　　述
城市	浙江省内各城市名称
充电	3 种类型的充电设施:直流充电桩、交流充电桩、充电站
在建	否表示建成,是表示还在施工
用途	除公用以外都是专用

📖 【项目分析】

1. 需求分析

浙江省在建立智慧城市的过程中，绿色、低碳是其发展的重要方向，而新能源汽车的发展规模在很大程度上反映了一个城市低碳化发展的水平。因此，为了加快新能源汽车的发展并更好地服务于新能源汽车，浙江省领导想将新能源汽车充电设施等建设情况可视化，利用数据指导决策，让决策更有针对性。浙江省能提供的数据为全省充电设施数据。

经过实际调研发现，浙江省领导为了能把新能源汽车服务做得更好，希望及时看到省内各城市新能源汽车充电设施服务的情况、充电设施的建设情况等。

根据调研结果和浙江省提供的数据，项目组决定采用大数据可视化技术完成项目，并将本项目的图形展示分解为 6 个任务，每个任务均选择一个合适的展示图形。当然，合适的展示图形并不唯一，读者也可以在做完本项目后根据自己的理解选择图形。本项目的 6 个任务如表 3-2 所示。

表 3-2　本项目的 6 个任务

任　务	具体内容
任务 1	利用阶梯图展示全省充电运营商的情况
任务 2	利用饼图展示全省充电桩的情况
任务 3	利用带富文本的饼图展示全省充电站的情况
任务 4	利用桑基图展示全省总体情况
任务 5	利用单容器多图展示公用和专用充电设施数量排名前三的城市
任务 6	利用多列条形图展示杭州总体情况

2. 技术分析

经过集体研讨，项目组根据自身技术优势及项目要求，决定采用 ECharts 大数据可视化技术。项目开发采用当前较主流的前后端分离的方式：后端用 PyCharm 工具搭建 Flask 框架，然后利用 Python 技术完成数据清洗、数据制作，最终形成数据接口；前端用 Vscode 工具完成可视化大屏布局，用 ECharts 技术完成图形展示；前后端只通过数据接口交互。采用这种方式开发的好处是：前后端并行开发，加快项目开发速度；代码结构清晰，容易维护。

📖 【开发环境】

1. 选择开发环境

调研发现，客户平时所用均为 Windows 10 操作系统，因此，项目组决定在 Windows 10 操作系统上开发本项目。前端开发使用的工具为 Vscode 1.57.1，后端开发使用的工具为

PyCharm 专业版 2020.2。

2. 安装开发工具

前端开发工具 Vscode 和后端开发工具 PyCharm 的安装可以扫描二维码查看。

 【后端开发】

本项目采用前后端分离的方式进行开发，前端在展示图形时需要从后端获取数据，但是前端并不需要了解后端产生数据的细节，只需通过后端提供的数据接口获得数据即可。因此，后端除了处理好数据，还必须提供数据接口供前端访问。这里需要特别指出的是，因为本项目涉及的数据量并不是很大，所以数据接口直接采用网页的形式展示以方便前端查看。

首先在 PyCharm 里面创建 Flask 项目，具体创建过程可以扫描右边二维码查看。建立好项目后，其初始目录结构如图 3-1 所示。

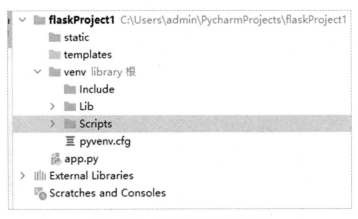

图 3-1　Flask 项目的初始目录结构

接下来在项目所在的目录里新建各种需要的文件：项目所用的源数据为一个 xlsx 文件，在项目根目录里新建一个 datas 目录，将源数据文件放在该目录里；在项目根目录里新建一个 getdata.py 文件，用来处理数据；在项目的 templates 目录里新建一个 datas.html 文件，用来创建数据接口页面；在项目的根目录里创建一个配置文件 settings.py；在项目的 static 目录里新建一个 js 目录，将后端项目所需的 jquery-1.11.3.min.js 文件放在此目录中。

项目所需 PyCharm 插件有 pandas、openpyxl 和 flask-cors，可以先行安装。做好项目的准备工作后，项目的目录结构如图 3-2 所示。

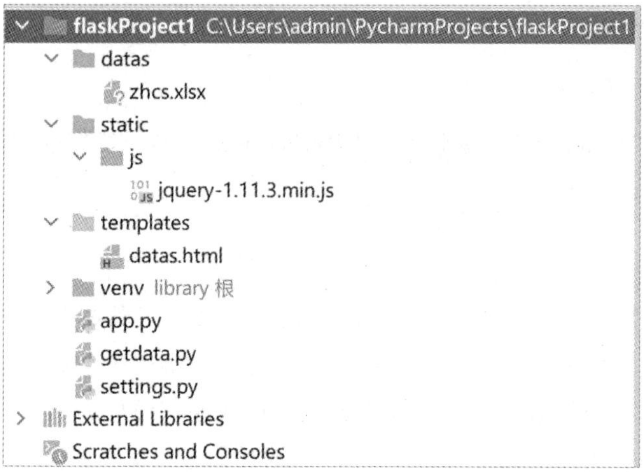

图 3-2　做好准备工作后的 Flask 项目目录结构

修改配置文件 settings.py，代码如下：

```
ENV = 'development'        # 设置开发模式
DEBUG = True               # 提供报错信息
JSON_AS_ASCII=False        # 解决JSON返回中文乱码问题
```

接下来修改 getdata.py 文件以处理源数据，形成前端每个绘图任务所需的数据。

3.1　清洗数据

源数据里有一些缺失值和异常值，必须先对源数据进行处理，形成规范使用的数据。解决方法为将此部分缺失值和异常值删除，代码如下：

```
import pandas as pd
# 读取数据
ndf = pd.read_excel('datas/zhcs.xlsx', sheet_name='Sheet1')
# 删除空值数据
ndf.dropna()
# 过滤异常数据
ndf = ndf[ndf['在建'].isin(['是', '否'])]
ndf = ndf[ndf['高速设施'].isin(['是', '否'])]
```

然后对每个任务创建一个处理数据的函数，得到该任务所需的数据。

3.2　制作数据

3.2.1　任务 1 阶梯图所需数据

本任务利用阶梯图展示全省充电运营商的情况。根据任务分析，可以确定阶梯图的 x 轴为充电运营商名称，y 轴为充电设施的数量。阶梯图所需数据的样例如图 3-3 所示。

/task1	"column"数据 ["中广核","华润","华电","华能","南网","国网","大唐"] "name"数据 ["直流充电桩","交流充电桩","充电站"] "value1"数据 [237,145,138,84,18,125,359] "value2"数据 [196,148,186,100,25,89,343] "value3"数据 [260,239,225,144,22,93,448]

图 3-3 阶梯图所需数据的样例

创建一个函数 h_task1 来完成阶梯图的数据处理。将源数据的"充电"列的值取出并去重，得到 name 列表。代码如下：

```
# 取"充电"列数据并转换为列表，准备作为阶梯图的图例数据
name = ndf['充电'].unique().tolist()
```

然后按 3 种充电方式筛选出相应的数据，再根据运营商分组统计，得到运营商各充电方式的数量，形成 value1、value2、value3 3 个列表数据。代码如下：

```
# 筛选直流充电桩数据，按运营商分组统计数量
value1 = ndf[ndf['充电'] ==
                '直流充电桩'].groupby(['运营商']).count()['充电'].tolist()
# 筛选交流充电桩数据，按运营商分组统计数量
value2 = ndf[ndf['充电'] ==
                '交流充电桩'].groupby(['运营商']).count()['充电'].tolist()
# 筛选充电站数据，按运营商分组统计数量
value3 = ndf[ndf['充电'] == '充电站'].groupby(['运营商']).count()['充电'].tolist()
```

接下来获得运营商名称的列表数据，代码如下：

```
# 运营商名称
column = ndf[ndf['充电'] ==
                '交流充电桩'].groupby(['运营商']).count()['充电'].index.tolist()
```

最后返回阶梯图所需格式的数据，代码如下：

```
# 返回字典格式数据
return {
    'name': name,
    'value1': value1,
    'value2': value2,
    'value3': value3,
    'column': column
}
```

3.2.2 任务 2 饼图所需数据

本任务利用饼图展示全省充电桩的情况。饼图所需数据的样例如图 3-4 所示。

| /task2 | "data"数据
[{"name":"交流充电桩已完工","value":564},{"name":"交流充电桩未完工","value":523},{"name":"直流充电桩已完工","value":627},{"name":"直流充电桩未完工","value":479}] |

图 3-4　饼图所需数据的样例

创建一个函数 h_task2 来完成饼图的数据处理。先分别筛选出交流充电桩和直流充电桩的数据，再按是否完工来分组统计数量。代码如下：

```
# 交流充电桩完工和在建的数量
tmp1 = ndf[ndf['充电'].isin(['交流充电桩'])].groupby(['在建']).count()['充电']
# 直流充电桩完工和在建的数量
tmp2 = ndf[ndf['充电'].isin(['直流充电桩'])].groupby(['在建']).count()['充电']
```

源数据表里的"在建"列只有是、否两个值，为了在图中更清晰地显示文字意义，把交流充电桩数据里的文字进行转换。代码如下：

```
# 将索引转换为列表
n1 = tmp1.index.tolist()
for i in range(0, len(n1)):
    if n1[i] == '否':
        n1[i] = '已'
    else:
        n1[i] = '未'
    n1[i] = '交流充电桩' + str(n1[i]) + '完工'
```

同样，把直流充电桩数据里的文字进行转换，代码如下：

```
# 将索引转换为列表
n2 = tmp2.index.tolist()
for i in range(0, len(n2)):
    if n2[i] == '否':
        n2[i] = '已'
    else:
        n2[i] = '未'
    n2[i] = '直流充电桩' + str(n2[i]) + '完工'
```

将数据 tmp1 和 tmp2 的充电桩数量值取出并转换为列表，代码如下：

```
# 转换为列表
v1 = tmp1.values.tolist()
v2 = tmp2.values.tolist()
```

接下来创建空列表 datalist，通过两个循环分别遍历两个列表，将数据都添加到列表 datalist 中。代码如下：

```
# 创建空列表
datalist = []
# 同时遍历两个列表
for i, j in zip(n1, v1):
    datalist.append({
        'name': i,
```

```
        'value': j
    })
# 同时遍历两个列表
for i, j in zip(n2, v2):
    datalist.append({
        'name': i,
        'value': j
    })
```

最后返回饼图所需格式的数据，代码如下：

```
# 返回字典格式数据
return {
    'data': datalist
    }
```

3.2.3　任务 3 带富文本的饼图所需数据

本任务利用带富文本的饼图展示全省充电站的情况。带富文本的饼图所需数据的样例如图 3-5 所示。

/task3	"data"数据 [{"name":"充电站已完工","value":855},{"name":"充电站未完工","value":576}]

图 3-5　带富文本的饼图所需数据的样例

创建一个函数 h_task3 来完成带富文本的饼图的数据处理。先筛选出充电站的数据，再按是否完工来分组统计数量。代码如下：

```
# 充电站完工和在建的数量
tmp3 = ndf[ndf['充电'].isin(['充电站'])].groupby(['在建']).count()['充电']
```

源数据表里的"在建"列只有是、否两个值，为了在图中更清晰地显示文字意义，把文字进行替换。代码如下：

```
# 将索引转换为列表
n3 = tmp3.index.tolist()
for i in range(0, len(n3)):
    if n3[i] == '否':
        n3[i] = '已'
    else:
        n3[i] = '未'
    n3[i] = '充电站' + str(n3[i]) + '完工'
```

将数据 tmp3 充电站数量的值转换为列表，代码如下：

```
# 转换为列表
v3 = tmp3.values.tolist()
```

接下来创建空列表 datalist，通过循环遍历两个列表，将数据添加到列表 datalist 中。代码如下：

```
# 创建空列表
datalist = []
# 同时遍历两个列表
for i, j in zip(n3, v3):
    datalist.append({
        'name': i,
        'value': j
    })
```

最后返回带富文本的饼图所需格式的数据，代码如下：

```
# 返回字典格式数据
return {
    'data': datalist
    }
```

3.2.4　任务 4 桑基图所需数据

本任务利用桑基图展示全省总体情况。桑基图所需数据的样例如图 3-6 所示。

/task4	"links"数据
	[{"source":"中广核","target":"杭州","value":246},{"source":"中广核","target":"非杭州","value":447}, {"source":"华润","target":"杭州","value":278},{"source":"华润","target":"非杭州","value":254}, {"source":"华电","target":"杭州","value":180},{"source":"华电","target":"非杭州","value":369}, {"source":"华能","target":"杭州","value":110},{"source":"华能","target":"非杭州","value":218}, {"source":"南网","target":"杭州","value":51},{"source":"南网","target":"非杭州","value":14}, {"source":"国网","target":"杭州","value":107},{"source":"国网","target":"非杭州","value":200}, {"source":"大唐","target":"杭州","value":491},{"source":"大唐","target":"非杭州","value":659}, {"source":"杭州","target":"公交","value":106},{"source":"杭州","target":"公用","value":536}, {"source":"杭州","target":"出租","value":227},{"source":"杭州","target":"小区","value":74},{"source":"杭州","target":"物流","value":238},{"source":"杭州","target":"环卫","value":282},{"source":"非杭州","target":"公交","value":120},{"source":"非杭州","target":"公用","value":993},{"source":"非杭州","target":"出租","value":240},{"source":"非杭州","target":"小区","value":104},{"source":"非杭州","target":"物流","value":228},{"source":"非杭州","target":"环卫","value":476}]
	"name"数据
	[{"name":"杭州"},{"name":"非杭州"},{"name":"国网"},{"name":"华电"},{"name":"华能"},{"name":"中广核"},{"name":"南网"},{"name":"华润"},{"name":"大唐"},{"name":"出租"},{"name":"物流"},{"name":"环卫"},{"name":"公用"},{"name":"公交"},{"name":"小区"}]

图 3-6　桑基图所需数据的样例

创建一个函数 h_task4 来完成桑基图的数据处理。先将数据 df11 里的浙江省除杭州以外的城市替换为"非杭州"，代码如下：

```
df11 = ndf.copy()
# 将非杭州的城市替换为"非杭州"
df11.loc[df11['城市'] != '杭州', '城市'] = '非杭州'
```

在处理好的数据 df11 里取出"城市"列、"运营商"列、"用途"列，并放在 name_list 列表里。代码如下：

```
# 取出"城市"列、"运营商"列及"用途"列
name_list = df11['城市'].unique().tolist() +
            df11['运营商'].unique().tolist() + df11['用途'].unique().tolist()
```

建立空列表 data_list，遍历列表 name_list 并将数据按 "name:数据" 的格式添加到列表 data_list 中。代码如下：

```
data_list = []
for i in name_list:
    data_list.append({'name': i})
```

桑基图分为两部分：一部分是运营商和城市，另一部分是城市和用途。先构建运营商和城市的数据，以运营商节点为源节点，以城市节点为目标节点构造数据。按运营商、城市分组之后统计数量。代码如下：

```
# 按运营商、城市分组之后统计数量
df1 = pd.DataFrame(df11.groupby(['运营商', '城市']).count()['用途'])
```

将运营商名称、城市名称转换为一个列表数据，将充电设施数量转换为另一个列表数据。然后遍历两个列表，添加相应数据到列表 links1 中。代码如下：

```
# 将索引和值转换为列表，索引格式为（'',''）
# 列表中第一个元素为源节点，第二个元素为目标节点
source_target1 = df1.index.tolist()
values1 = df1.values.tolist()
# 将数据封装为所需格式
links1 = []
for st, v in zip(source_target1, values1):
    links1.append({
        'source': st[0],
        'target': st[1],
        'value': v[0]
    })
```

再构建城市和用途的数据，以城市为源节点、用途为目标节点构造数据。按城市、用途分组之后统计数量。代码如下：

```
# 按城市、用途分组之后统计数量
df2 = pd.DataFrame(df11.groupby(['城市', '用途']).count()['运营商'])
```

将城市名称、用途转换为一个列表数据，将充电设施数量转换为另一个列表数据；然后遍历两个列表，添加相应数据到列表 links2 中。代码如下：

```
source_target2 = df2.index.tolist()
values2 = df2.values.tolist()
links2 = []
for st, v in zip(source_target2, values2):
    links2.append({
        'source': st[0],
        'target': st[1],
        'value': v[0]
    })
```

接下来把列表 links1 和列表 links2 合并，代码如下：

```
# 将两组数据合并为一个列表
links = links1 + links2
```

最后返回桑基图所需格式的数据，代码如下：

```
# 返回最终数据，字典格式
return {
    'name': data_list,
    'links': links
}
```

3.2.5 任务 5 单容器多图所需数据

本任务利用单容器多图展示公用和专用充电设施数量排名前三的城市，这里的多图指的是两个柱状图。根据任务分析，可以确定两个柱状图的 x 轴均为城市，y 轴均为数量。单容器多图所需数据的样例如图 3-7 所示。

/task5	"city1"数据 ["杭州","舟山","台州"] "city2"数据 ["杭州","舟山","丽水"] "value1"数据 [536,153,150] "value2"数据 [927,201,175]

图 3-7 单容器多图所需数据的样例

创建一个函数 h_task5 来完成单容器多图的数据处理。先获取用途为公用的数据，按城市分组统计数量；再按数量降序排序；最后取出排在前三的数据。很明显，排在前三的数据就是用途为公用的数量最多的 3 座城市。代码如下：

```
df22 = ndf.copy()
# 获取用途为公用的排在前三的城市数据
public_city = pd.DataFrame(df22[df22['用途'] == '公用'].groupby(['城市']).
        count()['用途']).sort_values(by='用途',ascending=False).iloc[ 0:3, :]
```

处理数据 public_city，得到城市名称列表、公用数量列表。代码如下：

```
# 城市名称列表
city1 = public_city.index.tolist()
# 公用数量列表
v1 = public_city.values.tolist()
```

除公用用途之外，其他用途均为专用用途，先获取用途为专用的数据，按城市分组统计数量；再按数量降序排序；最后取出排在前三的数据。很明显，排在前三的数据就是用途为专用的数量最多的 3 座城市。代码如下：

```
# 获取用途为专用的排在前三的城市数据
special_city = pd.DataFrame(df22[df22['用途'] != '公用'].groupby(['城市']).
        count()['用途']).sort_values(by='用途',ascending=False).iloc[ 0:3, :]
```

处理数据 special_city，得到城市名称列表、专用数量列表。代码如下：

```
# 城市名称列表
city2 = special_city.index.tolist()
# 专用数量列表
v2 = special_city.values.tolist()
```

转换列表 v1 和 v2 的格式，得到两个新列表 value1 和 value2。代码如下：

```
# 创建空列表
value1 = []
value2 = []
# v1和v2的列表形式为[[],[],[]]，需要转换为[,,]这种形式
# 对列表进行格式转换，添加到新列表中
for i, j in zip(v1, v2):
    value1.append(i[0])
    value2.append(j[0])
```

最后返回单容器多图所需格式的数据，代码如下：

```
# 返回字典格式数据
return {
    'city1': city1,
    'city2': city2,
    'value1': value1,
    'value2': value2
}
```

3.2.6　任务 6 多列条形图所需数据

本任务利用多列条形图展示杭州总体情况。根据任务分析，可以确定多列条形图的 x 轴为数量，y 轴为运营商名称。多列条形图所需数据的样例如图 3-8 所示。

```
/task6    "name"数据
          ["国网","华电","华能","中广核","南网","华润","大唐"]
          "value1"数据
          [246,278,180,110,51,107,491]
          "value2"数据
          [105,97,61,30,7,25,211]
          "value3"数据
          [141,181,119,80,44,82,280]
```

图 3-8　多列条形图所需数据的样例

创建一个函数 h_task6 来完成多列条形图的数据处理。先处理数据 ndf，得到运营商名称列表，代码如下：

```
# 运营商名称列表将作为图例数据
name = ndf['运营商'].unique().tolist()
```

然后筛选出杭州的数据，再按运营商分组统计数量，得到杭州各运营商充电设施数量列表数据。代码如下：

```
# 数量列表数据
ndf1=ndf[ndf['城市'].isin(['杭州'])]
value1 = ndf1.groupby(['运营商']).count()['充电'].tolist()
```

将数据用途字段中的"非公用"全部替换为"专用",再选出杭州的数据。代码如下:

```
# 数据副本
tmp = ndf.copy()
# 将数据中用途字段中的"非公用"替换为"专用"
tmp.loc[tmp['用途'] != '公用', '用途'] = '专用'
tmp1=tmp[tmp['城市'].isin(['杭州'])]
```

筛选出杭州的公用数据和专用数据,代码如下:

```
tmp11 =tmp1[tmp1['用途'].isin(['公用'])]
tmp12 = tmp1[tmp1['用途'].isin(['专用'])]
```

按运营商分组统计数量,得到杭州各运营商公用充电设施数量列表数据和专用充电设施数量列表数据。代码如下:

```
# 公用和专用充电设施数量列表
value2 = tmp11.groupby(['运营商']).count()['用途'].values.tolist()
value3 = tmp12.groupby(['运营商']).count()['用途'].values.tolist()
```

返回多列条形图所需格式的数据,代码如下:

```
# 返回字典格式数据
return {
    'name':name,
    'value1': value1,
    'value2': value2,
    'value3': value3,
    }
```

到这里,getdata.py 文件的代码就全部完成了,接下来修改 app.py 文件以实现数据获取。

3.3 实现数据接口

引入 render_template、jsonify。代码如下:

```
from flask import Flask, render_template, jsonify
```

然后引入处理数据的 getdata.py 文件、配置文件 settings.py。代码如下:

```
import settings
from getdata import *
app = Flask(__name__)
app.config.from_object(settings)
```

此时数据接口页面文件 datas.html 还没有建好。这里可以先定义一个路由规则:当当前地址是根路径时,就调用 index 函数,返回 datas.html。代码如下:

```
# 数据接口
@app.route('/')
def data_api():
    return render_template('datas.html')
```

然后针对每个任务定义路由规则，这里以任务 1 为例：当前端发出 GET 请求且请求地址是/task1 时，后端调用 getdata.py 文件里定义的 h_task1 函数返回相应的 JSON 数据到前端。代码如下：

```
@app.route('/task1',methods=['GET'])
def task1():
    return jsonify(h_task1())
```

任务2到任务6可以仿照任务1添加相应的代码，这里不再列出。最后添加代码app.run()以监听指定的端口，对收到的 request 运行 app 生成 response 并返回，代码如下：

```
if __name__ == '__main__':
    app.run(threaded=True)
```

到这里，app.py 文件的代码就基本完成了，接下来修改 datas.html 文件以生成数据接口页面。

3.4 制作数据接口页面

数据接口页面 datas.html 文件并不是必须建立的，但是在本项目中，因为数据量不是很大，所以不制作数据接口文档，而用数据接口页面。

思政元素导入： **团队精神**

通过建立数据接口页面文件，前端开发人员不必了解后端具体的开发细节，只需根据数据接口页面文件进行前端开发即可。通过这种团队通力合作的做法，不仅能够加快整个团队的开发速度，还能提高团队成员运用自身知识解决实际问题的能力。

最后形成的数据接口页面的一部分如图 3-9 所示。

创建这个数据接口页面文件要引入文件 jquery-1.11.3.min.js，可在<head></head>之间引入，代码如下：

```
<head>
<meta charset="UTF-8">
<title>浙江新能源汽车服务平台数据接口</title>
<script src="../static/js/jquery-1.11.3.min.js"></script>
 ......(这里省略显示其他代码)
 </head>
```

浙江新能源汽车服务平台数据接口

任务数据接口调用 URL	任务数据参考内容
/task1	"column"数据 ["中广核","华润","华电","华能","南网","国网","大唐"] "name"数据 ["直流充电桩","交流充电桩","充电站"] "value1"数据 [237,145,138,84,18,125,359] "value2"数据 [196,148,186,100,25,89,343] "value3"数据 [260,239,225,144,22,93,448]
/task2	"data"数据 [{"name":"交流充电桩已完工","value":564},{"name":"交流充电桩未完工","value":523},{"name":"直流充电桩已完工","value":627},{"name":"直流充电桩未完工","value":479}]
/task3	"data"数据 [{"name":"充电站已完工","value":855},{"name":"充电站未完工","value":576}]
/task4	"links"数据 [{"source":"中广核","target":"杭州","value":246},{"source":"中广核","target":"非杭州","value":447}, {"source":"华润","target":"杭州","value":278},{"source":"华润","target":"非杭州","value":254}, {"source":"华电","target":"杭州","value":180},{"source":"华电","target":"非杭州","value":369}, {"source":"华能","target":"杭州","value":110},{"source":"华能","target":"非杭州","value":218}, {"source":"南网","target":"杭州","value":51},{"source":"南网","target":"非杭州","value":14},{"source":"国网","target":"杭州","value":107},{"source":"国网","target":"非杭州","value":200},{"source":"大唐","target":"杭州","value":491},{"source":"大唐","target":"非杭州","value":659},{"source":"杭州","target":"公交","value":106},{"source":"杭州","target":"公用","value":536},{"source":"杭州","target":"出租","value":227},{"source":"杭州","target":"小区","value":74},{"source":"杭州","target":"物流","value":238},{"source":"杭州","target":"环卫","value":282},{"source":"非杭州","target":"公交","value":120},{"source":"非杭州","target":"公用","value":993},{"source":"非杭州","target":"出租","value":240},{"source":"非杭州","target":"小区","value":104},{"source":"非杭州","target":"物流","value":228},{"source":"非杭州","target":"环卫","value":476}] "name"数据 [{"name":"杭州"},{"name":"非杭州"},{"name":"国网"},{"name":"华电"},{"name":"华能"},{"name":"中广

图 3-9　最后形成的数据接口页面的一部分

数据接口页面中的每个任务在表格中都占有一行：左边是任务名称，同时给任务名称设置一个超链接，链接到返回相应 JSON 数据的页面；右边是任务所需的数据样例。这里以表格中的任务 1 所在行的建立为例，其他任务均可以仿照任务 1 来建立。代码如下：

```
<tr>
    <td class="url_c"><a href="/task1">/task1</a></td>
    <td class="data_c"><span id="task1"></span></td>
</tr>
```

此时表格中的任务 1 所在行已经建立，接下来设置相应的样式，其他任务可以仿照任务 1 来建立相应的样式。代码如下：

```
<style>
    table {
        width: 100%;
    }
    tr {
```

```
        display: flex;
    }
    .url_c {
        flex: 1;
        text-align: center;
    }
    .data_c {
        flex: 10;
    }
</style>
```

现在表格右边的数据样例还没有显示，要通过 JS 脚本来完成显示。还是以任务 1 为例，其他任务均可以仿照任务 1 来建立。代码如下：

```
<script type="text/javascript">
    $.ajax({
        type: 'get',
        url: "/task1",
        dataType: "json",
        success: function (datas) {
            console.log(datas);
            str_pretty1 = "";
            for (var key in datas) {
                str_pretty1 = str_pretty1 + JSON.stringify(key) + "数据" + "\n";
                str_pretty1 = str_pretty1 + JSON.stringify(datas[key], 2);
                str_pretty1 = str_pretty1 + "\n";
                document.getElementById('task1').innerText = str_pretty1;
                        }
        },
        error: function (err) {
            console.log(err)
            return err;
        }
    })
</script>
```

将所有任务的表格、样式、JS 脚本建好以后，数据接口页面就建立成功了。前端开发人员可以通过地址"http://127.0.0.1:5000/"来访问。

3.5　解决跨域问题

解决跨域问题的方法可以扫描右边二维码查看。

解决跨域
问题

3.6 远程访问数据接口页面

远程访问数据接口页面的方法可以扫描右边二维码查看。

 【前端开发】

3.1 制作可视化大屏布局

前端可视化开发必须要有一个大屏布局。新建一个名为"03 浙江新能源汽车服务平台前端"的目录,在该目录中需要建立起布局所用的所有文件:在该目录中新建一个 index.html 文件,此文件为可视化大屏的主页面;在该目录中新建一个名为 css 的目录,再在 css 目录中新建一个 index2.css 文件,此文件为样式文件;在该目录中新建一个名为 js 的目录,将 jquery-1.11.3.min.js 文件放入此目录中;在 css 目录中新建一个名为 images 的目录,将布局所需的 3 张图片放入此目录中;在 css 目录中新建一个名为 font 的目录,将布局所需的字体文件放入此目录中。

准备好所有的目录和文件之后,右击"03 浙江新能源汽车服务平台前端"目录,在弹出的快捷菜单中选择"通过 Code 打开"选项,在 Vscode 里形成的初始目录结构如图 3-10 所示。

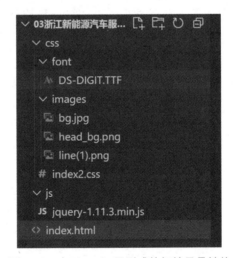

图 3-10 在 Vscode 里形成的初始目录结构

本项目的布局分为上下两部分:上面为标题、下拉列表和一个时间显示;下面为 2 行 3 列的 6 个容器,如图 3-11 所示。

本项目的大屏布局分为两部分:样式和结构,即 CSS 样式代码和 HTML 代码。这种做法能让 HTML 代码和 CSS 代码语义清晰,增强易读性和维护性。

接下来修改文件 index.html,完成 HTML 代码。

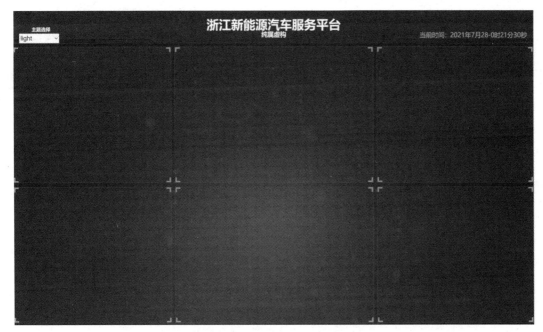

图 3-11　可视化大屏布局

3.1.1　完成 HTML 代码

在 index.html 文件的头部需要引入相关的 JS 文件和 CSS 文件，同时在 js 目录里放入
echarts.min.js 文件。代码如下：

```
<head>
    <meta charset="UTF-8">
    <title>浙江新能源汽车服务平台</title>
    <script src="js/echarts.min.js"></script>
    <script src="js/jquery-1.11.3.min.js"></script>
    <!-- {#导入主题文件#} -->
    <script type="text/javascript" src="js/theme/walden.js"></script>
    <script type="text/javascript" src="js/theme/westeros.js"></script>
    <script type="text/javascript" src="js/theme/roma.js"></script>
    <script type="text/javascript" src="js/theme/wonderland.js"></script>
    <script type="text/javascript" src="js/theme/chalk.js"></script>
    <script type="text/javascript" src="js/theme/infographic.js"></script>
    <script type="text/javascript" src="js/theme/macarons.js"></script>
    <link rel="stylesheet" href="css/index2.css">
</head>
```

在上面的代码中，引入了 echarts.min.js 文件，虽然在布局阶段不需要引入，但在绘制
图形时肯定要用到它，因此这里提前引入；还引入了 7 个主题文件，在页面主题风格变换
的时候将会用到，这里也提前引入。

注意：需要在 js 目录里新建一个 theme 目录，然后将这 7 个主题文件放入其中。

对于布局的上面部分，要完成下拉列表、标题和时间显示，先设置 header 标签，然后将其他元素均放在此标签中。代码如下：

```
<!-- {#头部#} -->
<header>
    ......这里放下拉列表、标题和时间显示的代码
</header>
```

接下来设置 h1 和 h2 标签，完成标题。代码如下：

```
<h1>浙江新能源汽车服务平台</h1>
<h2>纯属虚构</h2>
```

此时页面左上角有一个下拉列表，如图 3-12 所示。

图 3-12　下拉列表

该下拉列表的内容改变后，会调用 showdata 函数更换整个页面的主题风格。代码如下：

```
<!-- {# 下拉列表，选择日期，改变页面数据 #} -->
<h3>主题选择</h3>
<div class="select_date">
    <!-- 当下拉列表的内容发生变化时，调用showdata函数，当前下拉列表的值作为参数 -->
    <select name="sele" id="sele" onchange="showdata(this.value)">
        <option value='light'>light</option>
        <option value='roma'>roma</option>
        <option value='walden'>walden</option>
        <option value='westeros'>westeros</option>
        <option value='wonderland'>wonderland</option>
        <option value='chalk'>chalk</option>
        <option value='infographic'>infographic</option>
        <option value='macarons'>macarons</option>
    </select>
</div>
```

再设置名为"showTime"的 div 标签，用来放置 JS 插件。代码如下：

```
<div class="showTime"></div>
```

接下来设置 script 标签，在<script></script>之间编写 JS 代码，完成时间显示。可以扫描右边二维码查看代码。

完成 HTML
代码 time.js
文件代码

接下来建立页面左边两个容器，代码如下：

```
<!-- {#主体#} -->
<section class="mainbox">
    <!-- {# 左边#} -->
    <div class="column">
```

```
      <!-- {#      左上      #} -->
      <div class="panel">
         <div class="line1"></div>
         <div class="panel-footer"></div>
      </div>
      <!-- {#        左下#} -->
      <div class="panel">
         <div class="pie1"></div>
         <div class="panel-footer"></div>
      </div>
   </div>
   ......这里写中间两个容器的代码
   ......这里写右边两个容器的代码
</section>
```

中间和右边的容器可以仿照左边的容器来建立，此时 index.html 文件初步建立。但是在打开 index.html 文件时，还无法看到如图 3-11 所示的效果，因为样式代码还没有完成。接下来修改样式文件 index2.css。

3.1.2　完成样式代码

先完成全局和 html 标签的样式设置，代码如下：

```
/*全局设置*/
* {
    box-sizing: border-box;
  }
html{
    width: 100%;
    height: 100vh;
    margin:0;
    padding:0;
  }
```

然后完成 body 和字体的样式设置，在 body 样式里，用图 bg.jpg 设置页面的背景。代码如下：

```
body {
    background: url("images/bg.jpg") no-repeat top center;
    line-height: 1.15;
    margin:0;
    padding:0;
    }
/* 声明字体*/
@font-face {
    font-family: electronicFont;
    src: url(font/DS-DIGIT.TTF);
      }
```

接下来完成布局上面部分的头部样式设置，包括整个页面头部、标题、下拉列表、showTime 容器等的样式。代码如下：

```css
/*头部样式设置*/
header {
    position: relative;
    height: 7.12vh;
    background: url("images/head_bg.png") no-repeat;
    background-size: 100% 100%;
}
header > h1 {
    font-size: 3.9vh;
    color: #ffffff;
    text-align: center;
    line-height: 0.5vh;
}
header > h2 {
    font-size: 2vh;
    color: #ffffff;
    text-align: center;
    line-height: 0.5vh;
}
header > h3 {
    position: absolute;
    left:  6vh;
    line-height: 0.5vh;
    top: 0;
    font-size: 1.5vh;
    color: #ffffff;
    line-height: 0.5vh;
}
header > .select_date {
    position: absolute;
    left: 2vh;
    line-height: 0.5vh;
    top: 3vh;
}
header > .select_date > select {
    width: 100%;
    line-height: 0.2vh;
    height: 3vh;
    cursor: pointer;
    font-size: 2vh;
    border: none;
    outline: none;
}
```

```css
header > .showTime {
    position: absolute;
    right: 2vh;
    line-height: 1vh;
    top: 3vh;
    color: rgba(255, 255, 255, 0.7);
    font-size: 2vh;
}
```

接下来完成布局下面部分的主体样式设置，代码如下：

```css
/*主体样式设置 */
.mainbox {
    display: flex;
    margin: 0 auto;
    padding: 0 0 0;
}
```

对于布局下面部分的左中右 3 部分，为了设置样式方便，都放置了名为 column 的容器。下面的代码将页面宽度分成 13 等份：中间占 5 等份、左右各占 4 等份。代码如下：

```css
/*左中右3部分都有一个名为column的容器 */
.mainbox > .column {
    flex: 4;
}
/*nth-child(2)表示属于其父元素的第二个子元素 */
.column:nth-child(2) {
    flex: 5;
    margin: 0 1vh 1vh;
}
```

为了设置样式方便，在所有放置图形的容器外都放置了名为 panel 的容器。对 panel 容器设置样式将影响所有名为 panel 的容器。代码如下：

```css
/*每个图形容器外都有一个名为panel的容器 */
.mainbox > .column > .panel {
    position: relative;
    height: 42.53vh;
    border: 0.2vh solid rgba(25, 186, 139, 0.17);
    background: url("images/line(1).png") rgba(255, 255, 255, .04);
    padding: 0 0 0;
    margin-bottom: 1.2vh;
    display: flex;
}
```

接下来设置所有放置图形容器的样式。代码如下：

```css
/*图形所在容器的样式*/
.mainbox > .column > .panel > .pie1, .pie2, .line1, .sankey,.two_bar,.bar1 {
    width: 99%;
```

```
    height: 42.53vh;
 }
```

为了页面的美化，对每个图形所在外框的 4 个角进行修饰，形成 4 个半角框。相应代码可扫描右边二维码查看。

至此，index2.css 文件建立完成。在 Vscode 里打开 index.html 文件后，选择"运行"菜单，然后选择"启动调试"选项，可以看到如图 3-11 所示的布局已经成功显示。

3.2 图形展示

完成样式代码 四个半角框代码

阶梯图、饼图、带富文本的饼图、桑基图、单容器多图、多列条形图的配置和绘制，ECharts 事件的编写；主题的使用。

完成了布局任务以后，接下来用 ECharts 大数据可视化技术绘图。

思政元素导入：　　　　　　　　　中国制造业、软件业的崛起

ECharts 由百度（中国）有限公司出品，目前在全世界得到了广泛的应用。它的出现是中国制造业强大的体现，也是中国软件业跃上世界舞台的体现，说明中国制造业、软件业经过飞速发展，取得了令人瞩目的成就。

图形展示的每个任务均用一个 JS 文件完成，然后将所有任务的 6 个 JS 文件均放入 js 目录的 taskjs 目录中。再修改 index.html 文件，引入这 6 个 JS 文件，形成图形展示。这样做的好处是：当想更换某个任务的图形时，只需修改相应的 JS 文件，而不必修改整个代码。

每个任务均采用 jQuery 的 get()方法来获取后端数据。下面统一将获取后端数据的 IP 地址和端口设定为"127.0.0.1:5000"，以任务 1 为例说明获取数据的方法。

当前端发送一个 HTTP GET 请求到"http://127.0.0.1:5000/task1"地址后，就可以获取到后端数据并赋值给变量 data；然后在前端就可以利用变量 data 来绘制图形。代码如下：

```
$.get(adress+'/task1').done(function (data) {
        ......这里写利用变量data绘制图形的代码
         }
```

代码"adress+'/task1'"中的 adress 是一个变量，是在 index.html 文件中创建的。代码如下：

```
<body>
    ......省略上面的代码
    <script type="text/javascript">
        //定义后端数据接口的地址变量
```

```
            var adress='http://127.0.0.1:5000'
        </script>
</body>
```

由上面的代码可知，变量 adress 被赋值为 http://127.0.0.1:5000。

因此，这里的"adress+'/task1'"实际上是"http://127.0.0.1:5000/task1"。这样做的好处是：当后端数据接口地址发生改变时，只需更改 adress 变量的值即可，而不需要对每个任务都修改代码。

其他 5 个任务都可以仿照任务 1 来获取后端数据。需要特别注意的是，后端 Flask 服务必须是运行状态。

3.2.1　任务 1 阶梯图展示

任务所需 ECharts 知识点：阶梯图的绘制和配置、主题更换。

充电设施由充电运营商负责建设。浙江省领导希望能及时查看所有运营商建设充电设施的情况，以便能做出有针对性的规划，因此本任务是展示全省充电运营商的情况。经项目组讨论，认为阶梯图的"阶梯"可以很清楚地反映运营商之间的情况对比，因此本任务用阶梯图展示全省充电运营商的情况。

思政元素导入：　　　　　　　　**中国新能源汽车产业发展迅速**

经过多年的持续努力，我国新能源汽车产业技术水平显著提升、产业体系日趋完善、企业竞争力大幅增强，2015 年以来，产销量、保有量连续 5 年居世界首位，产业进入叠加交汇、融合发展的新阶段。

建立 lefttop.js 文件完成阶梯图，并展现在大屏左边上面的容器里。先将要绘制的图形和相应的容器绑定，代码如下：

```
var myecahrts = echarts.init(document.querySelector('.panel .line1'))
```

然后在 option 里完成各种图形配置，代码如下：

```
option = {
    //这里写各种图形的配置代码
    };
```

阶梯图标题 title 的配置代码如下：

```
title: {
        text: '全省运营商情况',
        textStyle: {
            color: 'white'
        }
},
```

阶梯图提示 tooltip 的配置代码如下：

```
tooltip: {
        trigger: 'axis'
},
```

阶梯图图例 legend 的配置：调用的后端数据为 data.name。代码如下：

```
legend: {
        data: data.name,
        orient: 'horizontal',
        top: 'top',
        left:'right',
        textStyle: {
            color: 'white'
        }
},
```

阶梯图网格 grid 的配置代码如下：

```
grid: {
        left: '3%',
        right: '4%',
        bottom: '3%',
        containLabel: true,
 },
```

阶梯图的 x 轴 xAxis 的配置：type 为 category，表示为类别型的轴，即采用离散的类别型数据；调用的后端数据为 data.column。代码如下：

```
xAxis: {
        type: 'category',
        boundaryGap: false,
        data: data.column,
        axisLabel: {
            show: true,
            textStyle: {
                color: '#fff'
            }
        }
    },
```

阶梯图的 y 轴 yAxis 的配置：将 type 设置为 value，表示为数值类型的轴，即采用连续型数据。代码如下：

```
yAxis: {
        type: 'value',
        axisLabel: {
            show: true,
            textStyle: {
                color: '#fff'
```

```
            }
        }
    },
```

阶梯图 series 配置项的配置：调用的后端数据为 data.value1、data.value2、data.value3；"type: 'line'" 表示要绘制的图形是折线图，阶梯图是折线图的一种特殊表现形式。代码如下：

```
series: [{
            name: data.name[0],
            type: 'line',
            step: 'start', //step表示画阶梯图
            data: data.value1
        },
        {
            name: data.name[1],
            type: 'line',
            step: 'end',  //step表示画阶梯图
            data: data.value2
        },
        {
            name: data.name[2],
            type: 'line',
            step: 'middle', //step表示画阶梯图
            data: data.value3
        }]
```

阶梯图还需要调用 myCharts.setOption 才能正常显示，代码如下：

```
myCharts.setOption(option)
```

另外，阶梯图要展现，还必须在 index.html 文件里增加代码，其他 5 个任务均可仿照此处进行增加，只需将 lefttop.js 换成其他任务 JS 文件名，并将函数名 task1 换成其他任务函数名即可。代码如下：

```
<body>
    ......省略上面的代码
    //增加下面一行
    <script type="text/javascript" src="js/taskjs/lefttop.js"></script>
    <script type="text/javascript">
        //定义后端数据接口的地址变量
        var adress='http://127.0.0.1:5000'
        //增加下面一行
        task1()
    </script>
    //其他5个任务可以仿照此句在这里依次增加代码
</body>
```

阶梯图最后呈现的结果如图 3-13 所示。

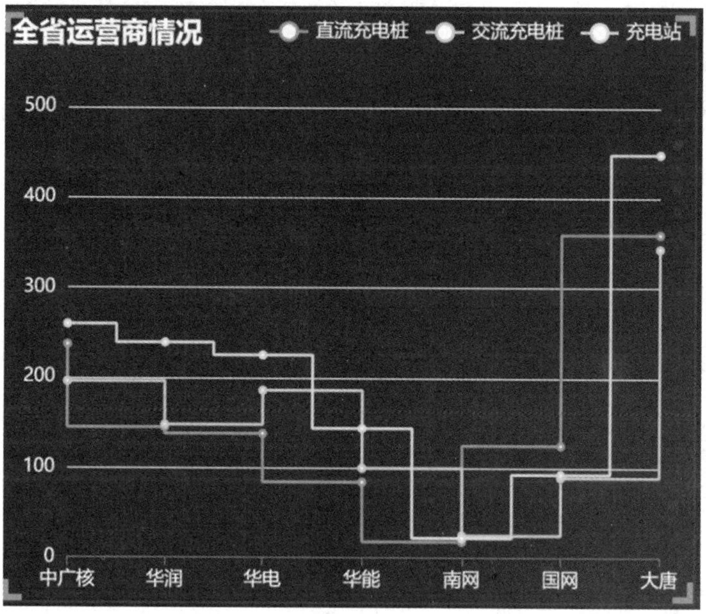

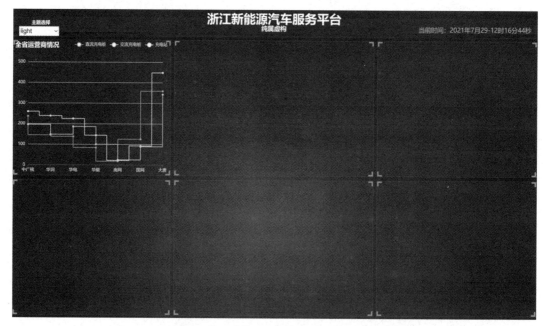

图 3-13　阶梯图最后呈现的结果

阶梯图在页面中的显示结果如图 3-14 所示。每做好一个任务，页面就会多出现一个图形，全部任务都做好后，可视化大屏展示就全部完成了。

图 3-14　阶梯图在页面中的显示结果

当下拉列表改变内容后，页面会更换主题风格，其实就是页面中的每个图形分别更换了主题风格。这里以任务1为例完成主题风格的更换，其他任务均可仿照此进行修改。

前面提到，当下拉列表当前内容改变时，会触发函数 showdata(this.value)。其中，this.value 表示将下拉列表当前内容传给 showdata 函数，因为下拉列表里的内容正好和主题文件的文件名一一对应，所以也是将当前选择的主题名传给 showdata 函数。

在 index.html 文件的\<body\>\</body\>里增加函数 showdata 的代码：

```
<script type="text/javascript">
    function showdata(val) {
        //调用相关函数进行主题更换
        task1(val)
        ......其他任务可仿照任务1在此处增加代码
    }
</script>
```

从上面的代码可以看出，当函数 showdata 被调用时，会调用 task1 函数，并将当前选择的主题名传入函数 task1。

修改 lefttop.js 文件，在函数 task1 里添加一行代码，创建一个变量 t，同时，给函数 task1 也定义一个传入参数 t。代码如下：

```
function task1(t) {
    var t = t || 'light' //此处增加一行建立主题选择变量的代码
```

很明显，变量 t 被赋值为当前选择的主题名。注意："||" 代表或，当变量 t 没有被赋值时，默认赋值为 light。

接下来继续修改函数 task1，在 myecahrts.setOption(option)此行代码后面增加代码如下：

```
myecahrts.setOption(option)
//此处开始增加代码
//当主题发生改变时，通过以下代码进行主题更改
myecahrts.dispose();//先清除原有图形
//选择相应主题t进行初始化
myecahrts = echarts.init(document.querySelector('.panel .line1'), t);
//重新按新主题绘制图形
myecahrts.setOption(option);
```

由上面的代码可知，当 task1 函数被调用后，阶梯图就会按下拉列表中的当前内容更换其主题。例如，当主题是 roma 的时候，阶梯图如图 3-15 所示；当主题是 wonderland 的时候，阶梯图如图 3-16 所示。

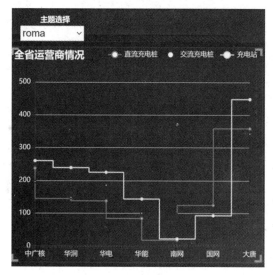

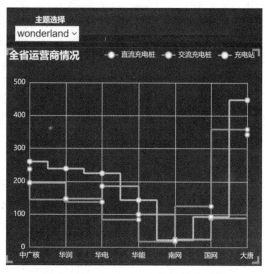

图 3-15 roma 风格的阶梯图　　　　图 3-16 wonderland 风格的阶梯图

3.2.2 任务 2 饼图展示

任务所需 ECharts 知识点：饼图的绘制和配置、ECharts 事件。

充电设施的建设数量是新能源汽车发展的重要基础，其中充电桩的功能类似加油站里面的加油机，根据不同的电压等级为各种型号的电动汽车充电。浙江省领导希望能及时看到全省充电桩数量等情况，以便对充电桩建设做出有针对性的规划，因此本任务是展示全省充电桩的情况。经项目组讨论，认为饼图的扇区可以清晰地体现充电桩的数量，因此本任务利用饼图展示全省充电桩的情况。

思政元素导入：　　　　　　　　　我国新能源汽车发展目标

我国新能源汽车发展目标为纯电动汽车成为新销售车辆的主流，公共领域用车全面电动化，燃料电池汽车实现商业化应用，高度自动驾驶汽车实现规模化应用，充/换电服务网络便捷高效，氢燃料供给体系建设稳步推进，有效促进节能减排水平和社会运行效率的提升。

建立 leftbottom.js 文件完成饼图，并展现在大屏左边下面的容器里。先将要绘制的图形和相应的容器绑定，代码如下：

```
var myecharts = echarts.init(document.querySelector('.panel .pie1'))
```

然后在 option 里完成各种图形配置，代码如下：

```
option = {
    //这里写各种图形的配置代码
};
```

饼图标题 title 的配置代码如下：

```
title: {
        text: '全省充电桩情况',
        left: 'center',
        textStyle: {
            color: "white"
        }
},
```

饼图提示 tooltip 的配置代码如下：

```
tooltip: {
        trigger: 'item',
        formatter: '{a} <br/>{b} : {c} ({d}%)'
},
```

饼图图例 legend 的配置代码如下：

```
legend: {
        orient: 'horizontal',
        top: 'bottom',
        textStyle: {
            color: 'white'
        }
},
```

饼图 series 配置项的配置：调用的后端数据为 data.data，"type: 'pie'"表示要绘制的图形是饼图。代码如下：

```
series: [{
            name: '数量',
            type: 'pie',
            radius: '50%',
            data: data.data,
            emphasis: {
                itemStyle: {
                    shadowBlur: 10,
                    shadowOffsetX: 0,
                    shadowColor: 'rgba(0, 0, 0, 0.5)'
                }
            },
            label: {
                color: 'white',
                shadowColor: '#ffffff'
            }
}]
```

饼图提示 tooltip 会自动在饼图上轮回显示，此事件通过 dispatchAction 触发。代码如下：

```
//ECharts中支持的图表行为通过dispatchAction触发
    var app = {};
```

```
app.currentIndex = -1;
//获取data的长度。series[0]表示第一个series系列
var len = option.series[0].data.length
//设置时间间隔
setInterval(function () {
    var dataLen = len;
    // 取消之前高亮的图形
    myecharts.dispatchAction({
        type: 'downplay',
        seriesIndex: 0,
        dataIndex: app.currentIndex
    });
    app.currentIndex = (app.currentIndex + 1) % dataLen;
    // 高亮当前图形
    myecharts.dispatchAction({
        type: 'highlight',
        seriesIndex: 0,
        dataIndex: app.currentIndex
    });
    // 显示 tooltip
    myecharts.dispatchAction({
        type: 'showTip',
        seriesIndex: 0,
        dataIndex: app.currentIndex
    });
}, 1000);
```

饼图也一样需要调用 myCharts.setOption、增加主题风格更换代码及在 index.html 文件里增加代码，可以仿照任务 1 来完成。

饼图最后呈现的结果如图 3-17 所示。

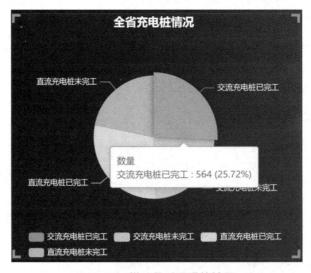

图 3-17　饼图最后呈现的结果

3.2.3　任务 3 带富文本的饼图展示

富文本、饼图的绘制和配置、ECharts 事件

　　前面提到，充电设施的建设数量是新能源汽车发展的重要基础，其中充电站和加油站相类似，可以快速地给电动汽车充电。浙江省领导希望能及时看到全省充电站数量等情况，以便对充电站建设做出有针对性的规划，因此本任务是展示全省充电站的情况。经项目组讨论，认为饼图的扇区可以清晰地体现充电站的数量，因此本任务利用带富文本的饼图展示全省充电站的情况。

思政元素导入：　　　　　　**中国建成全球最大的公共充电网络**

　　我国已经建成了全球最大的公共充电网络，公共充电桩的增长也在持续上涨。2015 年年底，我国公共充电设施保有量仅为 57792 台，而 2016 年至今，其保有量呈直线上升状态。2019 年，我国公共充电桩保有量已经达到 516396 台，而统计至 2020 年 4 月底，其保有量已达 54.7 万台。

　　建立 centertop.js 文件完成带富文本的饼图，并展现在大屏中间上面的容器里。先将要绘制的图形和相应的容器绑定，代码如下：

```
var myecharts = echarts.init(document.querySelector('.panel .pie2'))
```

　　然后在 option 里完成各种图形配置，代码如下：

```
option = {
    //这里写各种图形的配置代码
        };
```

　　带富文本的饼图标题 title 的配置代码如下：

```
title: {
        text: '全省充电站情况',
        left: 'center',
        textStyle: {
            color: "white"
        }
},
```

　　带富文本的饼图提示 tooltip 的配置代码如下：

```
tooltip: {
        trigger: 'item'
    },
    legend: {
        orient: 'horizontal',
        top: 'bottom',
```

```
        textStyle: {
            color: 'white'
        }
    },
```

带富文本的饼图 series 配置项的配置：调用的后端数据为 data.data，"type: 'pie'"表示要绘制的图形是饼图。代码如下：

```
series: [{
        name: '数量',
        type: 'pie',
        radius: ['10%', '35%'],
        labelLine: {
            length: 30,
        },
        //这里准备写一个富文本的标签
        data: data.data,
        emphasis: {
            itemStyle: {
                shadowBlur: 10,
                shadowOffsetX: 0,
                shadowColor: 'rgba(0, 0, 0, 0.5)'
            }
        }
    }]
```

在饼图里增加富文本标签，其中 a、hr、b、per 代表着不同样式的做法。代码如下：

```
label: {
        formatter: ['{a|充电站{a}}\n{hr|}\n{b|{b}:
                            {c}个}\n{hr|}\n{per|占比: {d}%}'].join('\n'),
        backgroundColor: '#ddd',         // 文本块背景颜色
        borderColor: '#444',             // 描边颜色
        borderWidth: 3,                  // 描边宽度
        borderRadius: 10,                // 描边半径
        padding: 2,                      // 描边扩充空间
        color: '#000',                   // 默认字体颜色
        fontSize: 20,                    // 默认字体大小
        shadowBlur: 50,                  // 阴影模糊等级
        shadowColor: '#666',             // 阴影颜色
        shadowOffsetX: 3,                // 阴影x轴偏移
        shadowOffsetY: 3,                // 阴影y轴偏移
        lineHeight: 20,                  // 行高
        rich: {
            a: {
                fontSize: 18,            // 字体大小
                textBorderColor: '#00F', // 文字描边颜色
                textBorderWidth: 4,      // 文字描边宽度
```

```
        color: 'red',// 文字颜色
        lineHeight: 22,
        align: 'center'
    },
    hr: {//中间画线
        borderColor: '#8C8D8E',
        width: '100%',
        borderWidth: 1,
        height: 1,
    },
    b: {
        backgroundColor: '#F0F',        // 文字背景颜色
        fontSize: 14,                    // 文字大小
        borderRadius: 10,                // 文字边角半径
        padding: 6,                      // 文字边界扩充
        color: '#4C5058',                // 文字颜色
        fontWeight: 'bold',
        lineHeight: 33
    },
    per: {
        color: '#fff',
        backgroundColor: '#4C5058',
        align: 'center',
        padding: 5,
        // 标题内边距，单位为px，默认各方向内边距为5px
        // 如果是数组，则分别设定上右下左各边距
        borderRadius: 4
    }
  }
},
```

当双击饼图区域时，为了能显示相应的信息，增加一个 ECharts 双击事件。代码如下：

```
//双击事件
myecharts.on('dblclick', function (params) {
    // 在用户双击后显示信息
    alert(params.name + ':' + params.value);
});
```

带富文本的饼图也一样需要调用 myCharts.setOption、增加主题风格更换代码及在 index.html 文件里增加代码，可以仿照任务 1 来完成。

带富文本的饼图最后呈现的结果如图 3-18 所示。

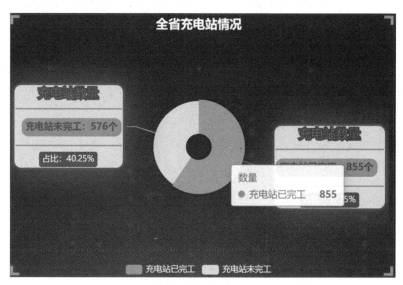

图 3-18　带富文本的饼图最后呈现的结果

3.2.4　任务 4 桑基图展示

任务所需 ECharts 知识点：桑基图的绘制和配置、ECharts 事件。

浙江省内各市充电设施的建设情况有很大的不同，浙江省领导希望能看到不同城市各种用途充电设施的建设情况，以便在各市建设充电设施时总体规划用途，因此本任务是展示全省总体情况。经项目组讨论，认为桑基图可以很清楚地反映全省各市充电设施的整体状况，因此本任务利用桑基图展示全省总体情况。

思政元素导入：　　　　　　　　　　　中国制造业

在电动汽车领域，无论从哪个角度而言，比亚迪都已经是这个市场的领先者：连续 4 年的全球新能源汽车销量冠军；全球范围内唯一掌控动力电池总成和电驱总成的汽车制造商；全球第一家能够支持 L4 智能驾驶的量产纯电动硬件平台；全球第一家开放整车传感器、控制权限的汽车硬件平台，并打造开发者生态圈。

建立 centerbottom.js 文件完成桑基图，并展现在大屏中间下面的容器里。先将要绘制的图形和相应的容器绑定，代码如下：

```
var myecharts = echarts.init(document.querySelector('.panel .sankey'))
```

然后在 option 里完成各种图形配置，代码如下：

```
option = {
    //这里写各种图形的配置代码
    };
```

定义桑基图的宽度和高度，代码如下：

```
width:450,
 height:300,
```

桑基图标题 title 的配置代码如下：

```
title: {
    text: '全省总体情况',
    left:'center',
    textStyle: {
        color: "white"
    }
},
```

桑基图 series 配置项的配置：调用的后端数据为 data.name、data.links，"type:'sankey'"表示要绘制的图形是桑基图。代码如下：

```
series: {
        type: 'sankey',
        layout: 'none',
        top:'middle',
        left:'center',
        emphasis: {
            focus: 'adjacency'
        },
        data: data.name,
        links: data.links,
        lineStyle: {
            color: 'source',
            curveness: 0.5
        },
        label: {
            color: 'white',
            shadowColor: '#ffffff'
        }
        }
```

当单击桑基图区域时，为了能显示相应的信息，增加一个 ECharts 单击事件。鼠标事件一般有 click、dblclick、mousedown、mouseup、mouseover、mouseout 和 globalout。代码如下：

```
//单击事件
myecharts.on('click', function (params) {
    // 在用户单击后显示信息
    alert(params.name);
});
```

桑基图也一样需要调用 myCharts.setOption、增加主题风格更换代码及在 index.html 文件里增加代码，可以仿照任务 1 来完成。

桑基图最后呈现的结果如图 3-19 所示。

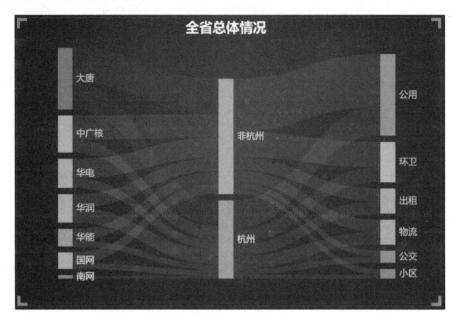

图 3-19　桑基图最后呈现的结果

3.2.5　任务 5 单容器多图展示

任务所需 ECharts 知识点：单容器多图的绘制和配置、ECharts 事件。

充电设施建设最多的城市是浙江省领导检查的重要对象，可以根据检查的情况为全省其他城市做出有益的指导。浙江省领导希望能看到排名前三的城市情况，因此本任务是展示公用和专用前三的城市。经项目组讨论，认为单容器多图的"多图"可以很清楚地反映公用和专用前三的城市，因此本任务利用单容器多图展示公用和专用前三的城市。

思政元素导入：　　　　　　　　　　　科技创新

新能源汽车的发展离不开科技创新，而科技创新是提高综合国力的关键支撑，是社会生产方式和生活方式变革进步的强大引领。

建立 righttop.js 文件完成单容器多图，并展现在大屏右边上面的容器里。本任务中的多图指的是两个柱状图。先将要绘制的图形和相应的容器绑定，代码如下：

```
var myecharts = echarts.init(document.querySelector('.panel .two_bar'))
```

然后在 option 里完成各种图形配置，代码如下：

```
option = {
```

```
        //这里写各种图形的配置代码
            };
```

单容器多图标题 title 的配置代码如下：

```
title:{
        text:'公用数量排名前三和专用数量排名前三的城市',
        left:'center',
        textStyle:{
            color:'#ffffff'
        }
},
```

单容器多图提示 tooltip 的配置采用默认设置。代码如下：

```
tooltip: {            },
```

单容器多图图例 legend 的配置代码如下：

```
legend: {
        bottom:5,
        textStyle: {
            color: 'white'
        }
    },
```

单容器多图网格 grid 的配置：这里将容器分割为左右两部分，准备分别放一个柱状图。代码如下：

```
grid: [
        //两个网格，准备放两个柱状图
        {right: '50%'},//对应的gridIndex为0，柱状图右边距离容器右边50%的位置
        {left: '50%'}//对应的gridIndex为1，柱状图左边距离容器左边50%的位置
],
```

单容器多图的 x 轴 xAxis 的配置：第一个坐标轴的 x 轴调用的后端数据为 data.city1，type 为 category，表示为类别型的轴，所在 grid 的索引为 0；第二个坐标轴的 x 轴调用的后端数据为 data.city2，type 为 category，表示为类别型的轴，所在 grid 的索引为 1。代码如下：

```
xAxis: [{
        type: 'category',
        gridIndex: 0,//x 轴所在 grid 的索引，默认位于第一个 grid
        data: data.city1,
        axisLabel: {
          show: true,
          textStyle: {
              color: '#fff'
          }
        }},
        {type: 'category',
          gridIndex: 1,
          data: data.city2,
```

```
        axisLabel: {
          show: true,
          textStyle: {
            color: '#fff'
          }
        }
      }],
    }],
```

单容器多图的 y 轴 yAxis 的配置：第一个坐标轴的 y 轴的 type 没有设置，默认为 value，表示为数值类型的轴，所在 grid 的索引为 0；第二个坐标轴的 y 轴的 type 也没有设置，默认为 value，表示为数值类型的轴，所在 grid 的索引为 1。代码如下：

```
    yAxis: [
        {gridIndex: 0,
        color: 'white',
        axisLabel: {
          show: true,
          textStyle: {
            color: '#fff'
          }
        }},
        {gridIndex: 1,
        color: 'white',
        axisLabel: {
          show: true,
          textStyle: {
            color: '#fff'
          }
        },
        position:'right'
        }
    ],
```

单容器多图 series 配置项的配置：第一个柱状图调用的后端数据为 data.value1，"type:'bar'"表示要绘制的图形是柱状图，其所用的坐标系是 xAxisIndex 为 0 和 yAxisIndex 为 0，即放在网格 gridIndex 为 0 的位置；第二个柱状图调用的后端数据为 data.value2，"type:'bar'"表示要绘制的图形是柱状图，其所用的坐标系是 xAxisIndex 为 1 和 yAxisIndex 为 1，即放在网格 gridIndex 为 1 的位置。代码如下：

```
    series: [{
        name: '公用前三',
        data: data.value1,
        type: 'bar',
        showBackground: true,
        backgroundStyle: {
          color: 'rgba(180, 180, 180, 0.2)'
        },
```

```
            xAxisIndex: 0,
            yAxisIndex: 0
        },
        {
            name: '专用前三',
            data: data.value2,
            type: 'bar',
            showBackground: true,
            backgroundStyle: {
                color: 'rgba(180, 180, 180, 0.2)'
            },
            xAxisIndex: 1,
            yAxisIndex: 1
}]
```

为了在切换图例时能显示相应的信息，增加一个 ECharts 的 legendselectchanged 事件。
代码如下：

```
//切换图例事件
myecharts.on('legendselectchanged', function (params) {
    // 在用户切换图例后显示信息
    alert(params.name + '没被选择柱状图将会有缺失' );
    //legendselectchanged：图例状态改变后的事件
    });
```

单容器多图也一样需要调用 myCharts.setOption、增加主题风格更换代码及在 index.html
文件里增加代码，可以仿照任务 1 来完成。

单容器多图最后呈现的结果如图 3-20 所示。

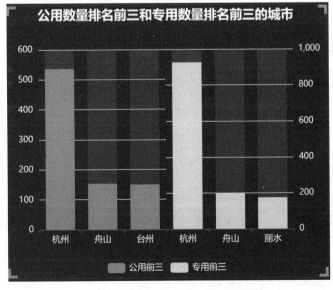

图 3-20　单容器多图最后呈现的结果

3.2.6 任务 6 多列条形图展示

任务所需 ECharts 知识点：多列条形图的绘制和配置。

杭州是浙江省的省会城市，它的充电设施建设是全省的一大重点。浙江省领导希望能及时地查看杭州的建设情况，以便加强对省会城市的管理，因此本任务是展示杭州总体情况。经项目组讨论，认为多列条形图的"多列"可以很清楚地反映杭州各种用途充电设施的建设情况，因此本任务利用多列条形图展示杭州总体情况。

思政元素导入： 　　　　　　　　　　**奋斗精神**

我国要想发展好新能源汽车、实现汽车业的弯道超车，就必须艰苦奋斗，努力钻研技术，努力满足人们对车的需求和要求。

建立 rightbottom.js 文件完成多列条形图，并展现在大屏右边下面的容器里。先将要绘制的图形和相应的容器绑定，代码如下：

```
var myecharts = echarts.init(document.querySelector('.panel .bar1'))
```

然后在 option 里完成各种图形配置，代码如下：

```
option = {
    //这里写各种图形的配置代码
        };
```

多列条形图标题 title 的配置代码如下：

```
title: {
        text: '杭州总体情况',
        textStyle: {
            color: 'white'
        }
},
```

多列条形图提示 tooltip 的配置代码如下：

```
tooltip: {
        trigger: 'axis',
        axisPointer: {
            type: 'shadow'
        }
},
```

多列条形图图例 legend 的配置代码如下：

```
legend: {
        data: ['总共','公用','专用'],
        textStyle: {
            color: '#fff'
```

```
        }
    },
```

多列条形图网格 grid 的配置代码如下：

```
grid: {
        left: '3%',
        right: '4%',
        bottom: '3%',
        containLabel: true
    },
```

多列条形图的 x 轴 xAxis 的配置：将 type 设置为 value，表示为数值类型的轴。代码如下：

```
xAxis: {
        type: 'value',
        boundaryGap: [0, 0.01],
        axisLabel: {
            show: true,
            textStyle: {
                color: '#fff'
            }
        }
    },
```

多列条形图的 y 轴 yAxis 的配置：type 为 category，表示为类别型的轴，即采用离散的类别型数据；调用的后端数据为 data.name。代码如下：

```
yAxis: {
        type: 'category',
        data: data.name,
        axisLabel: {
            show: true,
            textStyle: {
                color: '#fff'
            }
        }
    },
```

多列条形图 series 的配置：第一根柱子调用的后端数据为 data.value1，第二根柱子调用的后端数据为 data.value2，第三根柱子调用的后端数据为 data.value3；"type: 'bar'"表示要绘制的图形是柱状图，一共画 3 根柱子，形成多列条形图。代码如下：

```
series: [{
        name: '总共',
        type: 'bar',
        data: data.value1
    },
    {
```

165

```
        name: '公用',
        type: 'bar',
        data: data.value2
    },
    {
        name: '专用',
        type: 'bar',
        data: data.value3
}]
```

多列条形图也一样需要调用myCharts.setOption、增加主题风格更换代码及在index.html文件里增加代码，可以仿照任务1来完成。

多列条形图最后呈现的结果如图 3-21 所示。

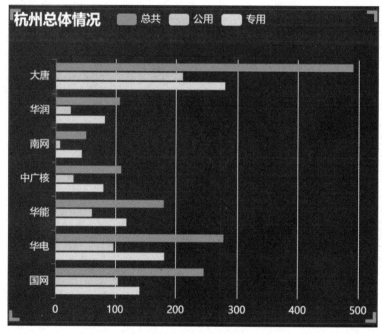

图 3-21　多列条形图最后呈现的结果

【项目总结】

1. 完成可视化大屏

完成前端开发以后，可以通过诸如 Tomcat 这样的 Web 应用服务器将前端发布到云服务器上，这样就可以通过 IP 或域名访问可视化大屏。本项目最后实现的可视化大屏效果如图 3-22 所示。注意：要保持后端 Flask 服务运行并能从后端获取数据。

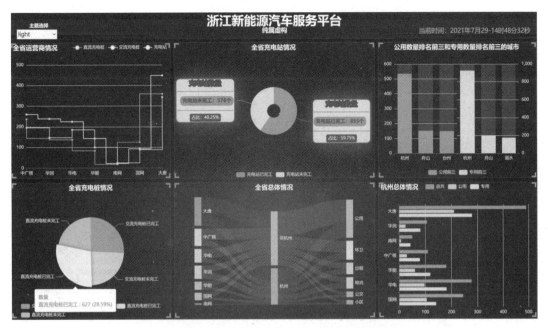

图 3-22 本项目最后实现的可视化大屏效果

在下拉列表中选择 roma 主题风格之后，效果如图 3-23 所示。

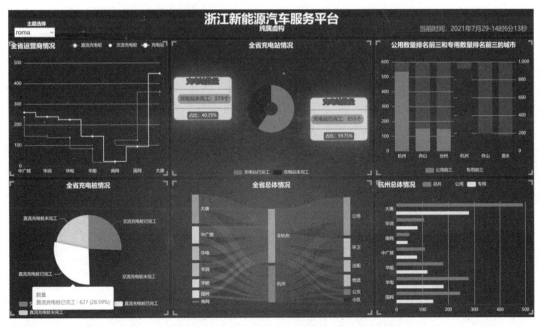

图 3-23 roma 主题风格可视化大屏的效果

在下拉列表中选择 westeros 主题风格之后，效果如图 3-24 所示。

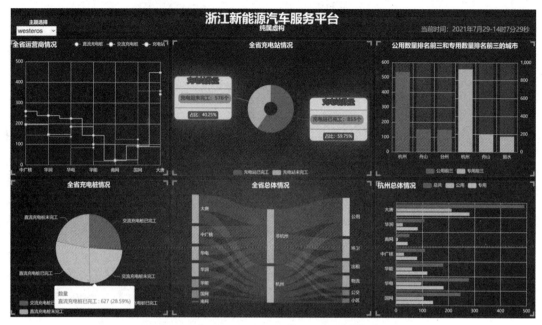

图 3-24   westeros 主题风格可视化大屏的效果

2. 项目重/难点

本项目的重点为掌握 ECharts 阶梯图、饼图、带富文本的饼图、桑基图、单容器多图、多列条形图的配置和绘制，ECharts 事件的编写，主题的使用，后端数据展示在前端页面的方法。其中的难点在于如何在后端处理好相应图形的数据并提供给前端使用，单容器多图的配置和绘制，桑基图的配置和绘制，ECharts 事件的编写。

本项目作为一个完整的 ECharts 大数据可视化技术开发的项目，从可视化布局、前端开发和后端开发 3 个阶段向读者展示了如何利用可视化技术完成项目的基本做法。

需要注意的是，项目里的做法并非都是最优的。例如，本项目在代码复用方面还有很大的提升空间，在图形展示方面还不够丰富，这些都可以继续优化，将项目做得更完善；前端用 Vscode 直接写 HTML 代码等来实现，也可以优化为用 Vue 等主流框架来开发。限于本书重点在 ECharts 知识技能点等的考虑，本项目没有采用这些做法，读者可以自行优化以便更好地提升项目开发能力。

 【对接岗位】

本项目对应的就业岗位是大数据可视化开发工程师，做完本项目，可以掌握该岗位所要求的部分可视化技能知识，如表 3-3 所示。

表 3-3 大数据可视化开发工程师岗位要求

岗　　位	主要业务工作	所 需 技 能	已掌握岗位技能
大数据可视化开发工程师	数据可视化开发、撰写可视化分析报告	数据可视化开发	ECharts 部分图形的配置和绘制、大屏布局、后端开发

项目 四

小紫共享单车运营管理平台

【项目背景】

随着互联网技术的发展、移动支付方式的创新和单车运营模式的创新，国内出现了共享单车，实现了单车共享使用，并很快风靡全国。共享单车有效满足了大量短距离出行需求，解决了交通最后一千米的问题。"最后一千米"是城市居民出行采用公共交通出行的主要障碍，也是建设绿色城市、低碳城市过程中面临的主要挑战。共享单车企业通过在校园、地铁站点、公交站点、居民区、商业区、公共服务区等提供服务，完成交通行业最后一块"拼图"，带动人们使用其他公共交通工具的热情，可与其他公共交通工具产生协同效应。

课程思政： **保护环境、绿色出行、强身健体**

共享单车是一种分时租赁模式，也是一种新型绿色环保共享经济。它作为一种绿色出行工具，相比汽车和摩托车等代步工具，不对环境造成污染。共享单车不仅能有效保护环境，还能因为骑车而提高人们的身体素质。

因为共享单车解决了最后一千米的交通问题，所以人们利用公共交通出行的意愿也大为加强，有效地提高了公共交通的利用率，支持了我国生态环保工作。我国对生态环保问题一直非常重视，国家多次强调保护生态环境就是保护生产力，改善生态环境就是发展生产力；良好的生态环境是最公平的公共产品，是最普惠的民生福祉；正确处理好生态环境保护和发展的关系，是实现可持续发展的内在要求，也是推进现代化建设的重大原则；坚持绿色发展，就是要坚持节约资源和保护环境的基本国策，坚持可持续发展，形成人与自然和谐发展现代化建设新格局，为全球生态安全做出新贡献。

共享单车的出现与我国的环保理念是相符的。但在共享单车这个领域，竞争激烈。根据对共享单车的经营情况进行分析可知，目前国内外已落地的共享单车项目的主要经营收入来源集中在 3 点：首先是收取单车租金后产生的利息之类的收入；其次是出租广告，通过在单车车身上或 App 中添加广告进行收费；最后就是单车骑行的租赁费。另外，伴随着用户使用规模的扩大和使用时长的提升，共享单车可以衍生出更多的盈利模式，如流量收益等。根据对共享单车的盈利模式进行分析，可以发现，活跃用户的数量是共享单车经营成功的核心指标，因此，积极活跃用户数是共享单车平台的必然选择。

小紫共享单车为了在共享单车竞争中占据优势地位，想更好地扩流新用户和提高现有用户的活跃率与留存率。小紫共享单车平台的运营人经过调研发现，在大数据时代，大数据分析对于单车运营是否成功起着重要作用。例如，可通过系统记录的骑行数据来分析目前的小紫共享单车的经营情况，帮助决策层针对不同的场景决定如何合理投放共享单车。

因此，小紫共享单车 CEO 决定从骑行数据着手，找专业的可视化工程师将小紫共享单车运营情况可视化，通过数据指导行动，帮助企业提升业务能力。

本项目因此背景而展开，接到任务的项目研发人员根据项目需求进行分析后，决定采用 ECharts 大数据可视化技术完成任务。

【项目目标】

1. 知识技能目标

通过本项目的学习，不仅能对大数据可视化技术在实际中的应用有一个整体的了解和掌握，还能为从事大数据可视化相关工作岗位积累可视化项目研发经验。

具体需要实现的知识技能目标如下。

（1）能熟练使用 PyCharm 等开发软件。

（2）能熟练使用 HTML 和 CSS、JavaScript 等开发技术，并能完成可视化大屏布局设计。

（3）能熟练使用 Python 技术，并能完成数据接口的实现。

（4）能熟练使用 Flask 框架。

（5）能熟练进行 ECharts 动态条形图、三维散点图、折线面积图、单容器多饼图、热力图、漏斗图、树状图的配置和绘制。

2. 课程思政目标

本项目在小紫共享单车发展背景中自然融入保护环境、绿色出行、强身健体的课程思政元素，提高读者对环境保护的了解，增强读者进行环保的意愿，让读者坚持绿色出行，增强读者锻炼身体的意愿，使读者能为我国环保事业贡献自己的一份力量。

本项目仿照企业工作的方式进行项目开发。在整个开发过程中，每个项目组成员都可以熟悉企业的工作方式，按企业开发项目的标准在规定时间内采用团队的模式分工合作，以企业客户认可的交付标准实现项目，使读者通过项目实践提高专业技术、锻炼团队协作能力与沟通能力、增强团队精神。

本项目在阶段任务中还有许多不同的思政元素的导入，具体需要实现的课程思政目标包括保护环境、绿色出行、强身健体、讲文明、守规矩、讲卫生、行为习惯、遵纪守法、团队精神、职业精神、职业素养。

3. 创新创业目标

通过本项目的学习，能让读者掌握在实际工作中利用 ECharts 数据可视化技术完成所要求的可视化展示，提高读者对大数据可视化技术的应用能力，让读者了解大数据可视化开发岗位，增强读者的职业信心和利用大数据可视化技术创新创业的自信心。

通过对小紫共享单车的可视化展示，读者能够掌握共享企业经营的基本要素，从而在未来创新创业时具备共享经营的能力、经营共享企业的能力及线上管理共享企业的能力。

具体需要实现的创新创业目标包括 ECharts 大数据可视化技术在创新创业中解决实际问题的能力、组织和领导团队协作的能力、线上管理企业的能力、经营共享企业的能力、共享经营的能力。

4. 课证融通目标

通过本项目的学习，读者可以掌握部分《大数据应用开发（Python）职业技能等级标准（2020 年 1.0 版）》初级"3.3 数据可视化"的能力，以及部分《大数据应用开发（Python）职业技能等级标准（2020 年 1.0 版）》中级"3.3 数据可视化"的能力。

具体需要实现的初级课证融通目标如下。

掌握"3.3.1 能够根据业务需求，选择数据可视化工具"的部分能力；掌握"3.3.2 能够根据业务需求，使用数据可视化工具对数据进行基本的操作与配置"的能力；掌握"3.3.3 能够根据业务需求，绘制基础的可视化图形"的部分能力；掌握"3.3.4 能够根据业务需求，辅助业务人员完成数据可视化大屏"的能力。

具体需要实现的中级课证融通目标如下。

掌握"3.3.1 能够根据业务需求使用数据可视化工具将数据以图表的形式进行展示"的能力；掌握"3.3.2 能够根据业务需求，在业务主管的指导下根据数据分析可视化结果，形成有效的数据分析报告"的部分能力；掌握"3.3.3 能够通过数据分析可视化结果，得出有效的分析结论"的部分能力；掌握"3.3.4 能够根据业务需求，实现数据可视化大屏设计"的能力。

【数据说明】

本项目提供了小紫共享单车的部分骑行数据，数据具体说明如表 4-1 所示。

表 4-1　小紫共享单车骑行数据

字 段 名	描 述
datetime	日期时间（格式：年月日小时）
season	季节（1spring春天，2summer夏天，3fall秋天，4winter冬天）
holiday	是否为节假日（0表示否，1表示是）
workingday	是否为工作日（0表示否，1表示是）
weather	天气（1晴天；2阴天或雾天；3小雨或小雪；4恶劣天气，包括大雨、冰雹、暴风雨或大雪）
temp	实际温度（单位：℃）
atemp	体感温度（单位：℃）
humidity	相对湿度
windspeed	风速
casual	未注册用户租赁次数
registered	注册用户租赁次数
count	总租赁次数

【项目分析】

1. 需求分析

　　小紫共享单车为了在共享单车竞争中占据优势地位，想更好地扩流新用户并提高现有用户的活跃率和留存率。小紫共享单车 CEO 想将单车运营情况可视化，利用数据指导决策，让决策更有针对性。小紫共享单车能提供单车骑行数据。

　　经过实际调研发现，决策层为了能针对不同的场景合理投放共享单车，希望可以了解按季节统计的每小时单车租赁次数、注册用户每小时单车租赁次数、按周不同天统计的每小时单车租赁次数等。

　　根据调研结果和小紫共享单车提供的数据，项目组决定采用大数据可视化技术完成项目，并将本项目的图形展示分解为 8 个任务，每个任务均选择合适的展示图形。当然，合适的展示图形并不唯一，读者也可以在做完本项目后根据自己的理解选择图形。本项目的8 个任务如表 4-2 所示。

表 4-2　本项目的 8 个任务

任 务	具 体 内 容
任务 1	利用动态条形图展示按季节统计的每小时单车租赁次数
任务 2	利用三维散点图展示注册用户每小时单车租赁次数
任务 3	利用折线面积图展示注册用户、非注册用户按周统计的每天单车租赁次数
任务 4	利用单容器多饼图展示注册用户、非注册用户工作日、假期等时间段租赁情况的对比
任务 5	利用热力图展示租赁次数影响因素分析情况
任务 6	利用动态条形图展示按周不同天统计的每小时单车租赁次数

续表

任　务	具 体 内 容
任务 7	利用漏斗图展示天气对单车租赁的影响
任务 8	利用树状图展示单车租赁的概况

2. 技术分析

经过集体研讨，项目组根据自身技术优势及项目要求，决定采用 ECharts 大数据可视化技术。项目开发采用当前较主流的前后端分离的方式：后端用 PyCharm 工具搭建 Flask 框架，然后利用 Python 技术完成数据清洗、数据制作，最终形成数据接口；前端用 PyCharm 工具搭建 Flask 框架来完成可视化大屏布局，用 ECharts 技术完成图形展示；前后端只通过数据接口交互。采用这种方式开发的好处是：前后端并行开发，加快项目开发速度；代码结构清晰，容易维护。

【开发环境】

1. 选择开发环境

调研发现，小紫共享单车企业人员平时所用均为 Windows 10 操作系统，因此项目组决定在 Windows 10 操作系统上开发本项目。前端开发和后端开发使用的工具均为 PyCharm 专业版 2020.2。

2. 安装开发工具

开发工具 PyCharm 的安装可以扫描二维码查看。

【后端开发】

本项目采用前后端分离的方式进行开发，前端在展示图形时需要从后端获取数据，但是前端并不需要了解后端产生数据的细节，只需通过后端提供的数据接口获得数据即可。因此后端除了处理好数据，还必须提供数据接口供前端访问。这里需要特别指出的是，因为本项目涉及的数据量并不是很大，所以数据接口直接采用网页的形式展示以方便前端查看。

首先在 PyCharm 里面创建 Flask 项目，具体创建过程可以扫描二维码查看。建立好项目后，其初始目录结构如图 4-1 所示。

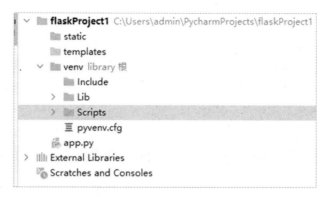

图 4-1　Flask 项目的初始目录结构

接下来在项目所在的目录里新建各种需要的文件：项目所用的源数据为一个 CSV 文件，在项目根目录里新建一个 data 目录，将源数据文件放在该目录里；在项目根目录里新建一个 get_data_bike.py 文件，用来处理数据；在项目的 templates 目录里新建一个 data_api.html 文件，用来创建数据接口页面；在项目的根目录里创建一个配置文件 settings.py；在项目的 static 目录里新建一个 js 目录，将后端项目所需的 jquery.js 文件放在此目录中。

项目所需 PyCharm 插件有 pandas 和 flask-cors，可以先行安装。做好项目的准备工作后，项目的目录结构如图 4-2 所示。

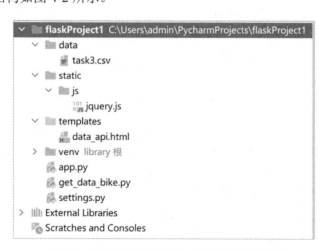

图 4-2　做好准备工作的 Flask 项目的目录结构

修改配置文件 settings.py，代码如下：

```
ENV = 'development'        # 设置开发模式
DEBUG = True               # 提供报错信息
JSON_AS_ASCII=False        # 解决JSON返回中文乱码问题
```

接下来修改 get_data_bike.py 文件以处理源数据，形成前端每个绘图任务所需的数据。

4.1　处理数据

本项目的源数据很完整，不必进行数据清洗。但为了后面使用数据方便，接下来进行数据处理：将"season"列里的数字转换成相应季节的英文单词；将"weather"列里的数字转换成相应天气的英文单词；将"datetime"列的值进行分解，新增"date"列、"year"列、"month"列、"day"列和"hour"列；利用模块 calendar 计算"datatime"列的值，得出一星期内的某天，以此新增"weekday"列；将"count"列进行数据类型转换，转换成 float 类型。代码如下：

```
# 导入模块
import pandas as pd
import numpy as np
import calendar
# 读取数据
file = pd.read_csv('./data/task3.csv', encoding='gbk')
# 有意义的季节单词
file['season'] = file.season.map({1:'spring',2:'summer',3:'autumn',4:'winter'})
# 有意义的天气单词
file["weather"] = file.weather.map({1:"sunny",2:"cloudy",3:"rainly",4:'bad-day'})
# 日期
file['date'] = file['datetime'].apply(lambda x:x.split()[0])
# 年份
file['year'] = file['date'].apply(lambda x:x.split('-')[0])
# 月份
file['month'] = file['date'].apply(lambda x:x.split('-')[1])
# 天
file['day'] = file['date'].apply(lambda x:x.split('-')[2])
# 小时
file['hour'] = file['datetime'].apply(lambda x:x.split()[1].split(':')[0])
# 星期
file['weekday'] =
        file.datetime.apply(lambda x: calendar.day_name[pd.to_datetime(x).weekday()])
df=file
# 转换成float类型
df['count'] = df['count'].astype('float64')
```

然后对每个任务创建一个处理数据的函数，得到该任务所需的数据。

4.2　制作数据

4.2.1　任务 1 "左" 动态条形图所需数据

本任务利用动态条形图展示按季节统计的每小时单车租赁次数。根据任务分析，可以确定动态条形图的 x 轴为租赁次数，y 轴为季节名称。动态条形图所需数据的样例如图 4-3 所示。

/data-api/task1	"data"数据 [[3197,6666,8627,6598],[2120,4063,5066,4123],[1413,2677,3583,2586],[745,1312,1783,1251],[337,749,922,824],[1133,2323,2933,2546],[4828,9460,11033,9377],[14061,26478,30100,26329],[28628,44482,46000,45950],[17452,27394,28581,27483],[11545,21971,24913,21238],[13854,27255,29284,25464],[17603,32607,35000,31758],[18328,33059,34704,31460],[17244,31003,32644,30119],[18136,32537,33625,31662],[21505,40944,42331,39486],[32314,61596,64454,55393],[29430,56947,61454,48641],[20100,42401,47139,34127],[14181,30469,35094,24460],[10864,22719,26906,18568],[8312,17578,20610,14411],[5168,11592,13876,10180]] "index"数据 ["spring","summer","autumn","winter"]

图 4-3　动态条形图所需数据的样例

创建一个函数 task1 来完成动态条形图的数据处理。先统计每个季节每小时的单车租赁次数，然后将 4 个季节的数据分别转换成列表数据 spring、summer、autumn 和 winter。代码如下：

```
# 每个季节每小时的租赁次数
task4_1 = df.pivot_table(index=['season', 'hour'], values='count', aggfunc='sum')
spring = list(task4_1.loc['spring']['count']) # 春
summer = list(task4_1.loc['summer']['count']) # 夏
autumn = list(task4_1.loc['autumn']['count']) # 秋
winter = list(task4_1.loc['winter']['count']) # 冬
```

同时循环 4 个列表数据 spring、summer、autumn 和 winter，每次均各取出一个元素，组合成新列表的一个元素，最后得到列表数据 season_data。代码如下：

```
# 新列表元素: [春,夏,秋,冬]
season_data = [[sp, su, a, w] for sp, su, a, w in zip(spring, summer, autumn, winter)]
```

最后返回动态条形图所需格式的数据，代码如下：

```
# 返回数据
return {
        'index': ['spring', 'summer', 'autumn', 'winter'],
        'data': season_data
        }
```

4.2.2　任务 2 三维散点图所需数据

本任务利用三维散点图展示注册用户每小时单车租赁次数。根据任务分析，可以确定三维散点图的 x 轴为 24 小时制的小时，y 轴为租赁次数区间间隔，z 轴为租赁次数。三维散点图所需数据的样例如图 4-4 所示。

/data-api/task2	"task2_1"数据 [0,1,2,3,4,5,6,7,8,9,10,11,12,13,14,15,16,17,18,19,20,21,22,23] "task2_2"数据 ["1万内","2万内","3万内","3万上"] "task2_3"数据 [[0,"3万内",20396],[1,"2万内",12415],[2,"1万内",8100],[3,"1万内",3930],[4,"1万内",2274],[5,"1万内",8277],[6,"3万上",32810],[7,"3万上",92002],[8,"3万上",155258],[9,"3万上",86825],[10,"3万上",58683],[11,"3万上",68533],[12,"3万上",85581],[13,"3万上",83780],[14,"3万上",76085],[15,"3万上",81291],[16,"3万上",110028],[17,"3万上",179356],[18,"3万上",168475],[19,"3万上",121389],[20,"3万上",87454],[21,"3万上",66030],[22,"3万上",50604],[23,"3万上",33765]]

图 4-4　三维散点图所需数据的样例

创建一个函数 task2 来完成三维散点图的数据处理。先求出注册用户每小时租赁次数，代码如下：

```
# 注册用户每小时租赁次数
task2 = df.pivot_table(index='hour', values=['registered'], aggfunc='sum')
zhour_registered = list(task2['registered'])   # 注册用户租赁次数
```

yhour_interval 为 y 轴所需租赁次数间隔数据、xhour_index 为 x 轴所需 24 小时制的小时数据。代码如下：

```
yhour_interval = ['1万内','2万内','3万内','3万上']   #租赁次数间隔
xhour_index = list(task2.index.unique())     # 小时
```

创建空列表 line_data，循环添加 z 轴数据到列表 line_data 中。代码如下：

```
line_data=[]
# 三维散点图数据
for i, j in zip(xhour_index, zhour_registered):
    # if z>100:break
    if j>29999:
        line_data.append([i,yhour_interval[3],j])
    if j>19999 and j<30000:
        line_data.append([i,yhour_interval[2],j])
    if j > 9999 and j<20000:
        line_data.append([i,yhour_interval[1],j])
    if j >=0  and j<10000:
        line_data.append([i,yhour_interval[0],j])
```

最后返回三维散点图所需格式的数据，代码如下：

```
return {
    'task2_1': xhour_index,
    'task2_2': yhour_interval,
    'task2_3': line_data,
    }
```

4.2.3　任务 3 折线面积图所需数据

本任务利用折线面积图展示注册用户、非注册用户按周统计的每天单车租赁次数。根据任务分析，可以确定折线面积图的 x 轴为星期一到星期日，y 轴为租赁次数。折线面积

图实际上是折线图的一种特殊表现形式。折线面积图所需数据的样例如图 4-5 所示。

/data-api/task3	"data"数据 {"casual":[47402,46288,100782,90084,37283,35365,34931],"registered":[255102,249008,210736,195462,269118,256620,257295]} "index"数据 ["Friday","Monday","Saturday","Sunday","Thursday","Tuesday","Wednesday"]

图 4-5　折线面积图所需数据的样例

创建一个函数 task3 来完成折线面积图的数据处理。按周的每天统计注册用户和非注册用户的租赁次数。代码如下：

```
# 注册用户与非注册用户按周的每天统计的租赁次数
task3 = df.pivot_table(index='weekday', values=['registered', 'casual'],
aggfunc='sum')
```

从数据 task3 中分别取出注册用户和非注册用户数据，再取出数据 task3 的索引值，即星期一到星期日的名称。代码如下：

```
weekday_registered = list(task3['registered'])    # 注册用户
weekday_casual = list(task3['casual'])      # 非注册用户
weekday_index = list(task3.index) # 星期
```

将上面得到的 3 个列表数据进行处理，得到折线面积图所需数据，代码如下：

```
# 折线面积图数据
lineArea_data = {
        'index': weekday_index,
        'data': {
            'registered': weekday_registered,
            'casual': weekday_casual
                }
    }
```

最后返回折线面积图所需格式的数据，代码如下：

```
return lineArea_data
```

4.2.4　任务 4 单容器多饼图所需数据

本任务利用单容器多饼图展示注册用户、非注册用户工作日、假期等时间段租赁情况的对比，本任务的多饼图指的是 3 个饼图。单容器多饼图所需数据的样例如图 4-6 所示。

/data-api/task4	"task4_1"数据 [{"name":"registered","value":"1693341"},{"name":"casual","value":"392135"}] "task4_2"数据 [{"name":"registered","value":"1244506"},{"name":"casual","value":"186098"}] "task4_3"数据 [{"name":"registered","value":"42637"},{"name":"casual","value":"15171"}]

图 4-6　单容器多饼图所需数据的样例

创建一个函数 task4 来完成单容器多饼图的数据处理。先根据注册用户求和得到注册用户的总租赁次数，再根据非注册用户求和得到非注册用户的总租赁次数，从而得到第一个饼图所需的数据。代码如下：

```
# 1.注册用户和非注册用户对比
# 注册用户、非注册用户求和
registered = df['registered'].sum()
casual = df['casual'].sum()
# 第一个饼图所需的数据
task4_1 = [
    {'name': 'registered',
     'value': str(registered)
    },
    {'name': 'casual',
     'value': str(casual)
    }
]
```

根据数据，可知"workingday"列的值为 1 时是工作日，为 0 时是非工作日。先筛选出工作日数据；再根据注册用户求和得到注册用户的总租赁次数，根据非注册用户求和得到非注册用户的总租赁次数，最后得到第二个饼图所需的数据。代码如下：

```
# 2.工作日中注册用户和非注册用户对比
# 过滤出工作日数据
workday = df[df['workingday'] == 1]
workday_registered = workday['registered'].sum()  # 注册用户
workday_casual = workday['casual'].sum()  # 未注册用户
# 第二个饼图所需的数据
task4_2 = [
    {'name': 'registered',
     'value': str(workday_registered)
    },
    {'name': 'casual',
     'value': str(workday_casual)
    }
]
```

筛选出假期数据之后，根据注册用户求和得到注册用户的总租赁次数，根据非注册用户求和得到非注册用户的总租赁次数，最后得到第三个饼图所需的数据。代码如下：

```
# 3.假期中注册用户与未注册用户的对比
# 过滤出假期数据
holiday = df[df['holiday'] == 1]
holiday_registered = holiday['registered'].sum()  # 注册用户
holiday_casual = holiday['casual'].sum()  # 未注册用户
# 第三个饼图所需的数据
task4_3 = [
```

```
{'name': 'registered',
 'value': str(holiday_registered)
},
{'name': 'casual',
'value': str(holiday_casual)
 }
]
```

最后返回 3 个饼图所需格式的数据，代码如下：

```
return {
    'task4_1': task4_1,
    'task4_2': task4_2,
    'task4_3': task4_3
  }
```

4.2.5　任务 5 热力图所需数据

本任务利用热力图展示租赁次数影响因素分析情况。根据任务分析，可以确定热力图的 x 轴和 y 轴的刻度标签均为影响租赁次数的所有因素的名称及 count，其中 count 表示总租赁次数。热力图所需数据的样例如图 4-7 所示。

/data-api/task5	"data"数据 [[1,0.98,-0.06,-0.02,0.39],[0.98,1,-0.04,-0.06,0.39],[-0.06,-0.04,1,-0.32,-0.32],[-0.02,-0.06,-0.32,1,0.1],[0.39,0.39,-0.32,0.1,1]] "index"数据 ["temp","atemp","humidity","windspeed","count"]

图 4-7　热力图所需数据的样例

创建一个函数 task5 来完成热力图的数据处理。先将源数据中的所有影响因素的列筛选出来，包括实际温度"temp"列、体感温度"atemp"列、相对湿度"humidity"列、风速"windspeed"列，再加上总租赁次数"count"列，一起利用 corr 计算相关系数矩阵。代码如下：

```
# 用corr计算相关系数矩阵
task5 = df[['temp', 'atemp', 'humidity', 'windspeed', 'count']].corr()
```

如果想查看相关系数矩阵，则可以增加一行 print 代码。代码如下：

```
print(task5)
```

代码执行结果如图 4-8 所示。

```
                temp      atemp  humidity  windspeed     count
temp        1.000000   0.984948 -0.064949  -0.017852  0.394454
atemp       0.984948   1.000000 -0.043536  -0.057473  0.389784
humidity   -0.064949  -0.043536  1.000000  -0.318607 -0.317371
windspeed  -0.017852  -0.057473 -0.318607   1.000000  0.101369
count       0.394454   0.389784 -0.317371   0.101369  1.000000
```

图 4-8　代码执行结果

将此相关系数矩阵的索引转为列表数据，作为热力图的 x 轴和 y 轴。代码如下：

```
# 热力图的x轴和y轴所需数据
heat_xy = list(task5.index)
```

数据 task5 为 dataframe 格式的数据，而数据 task5.values 则为 narray 格式的数据。将数据 task5.values 先取小数点后两位，然后转成列表数据 heat_value。代码如下：

```
# task5.values为narray格式的数据
task6_narray = task5.values
# around(): decimals=2 表示浮点型保留2位小数；tolist()表示转成列表
heat_value = np.around(task6_narray, decimals=2).tolist()
```

最后返回热力图所需格式的数据，代码如下：

```
# 热力图数据
return {
    'index': heat_xy,
    'data': heat_value
    }
```

4.2.6 任务 6 "右" 动态条形图所需数据

本任务利用动态条形图展示按周不同天统计的每小时单车租赁次数。根据任务分析，可以确定动态条形图的 x 轴为租赁次数，y 轴为星期名称。动态条形图所需数据的样例如图 4-9 所示。

/data-api/task6	"data"数据 [[3407,2307,6482,6351,2436,1749,2356],[1565,1175,4621,5244,1002,750,1015],[802,672,3323,3999,539,397,527],[392,335,1522,2006,297,234,305],[350,393,506,637,334,325,287],[1496,1457,562,597,1658,1537,1628],[5847,5801,1394,999,7035,6744,6878],[16263,16926,3118,2293,20000,19047,19321],[30093,27827,7759,5541,32276,30027,31537],[16794,14713,12580,10472,15718,15113,15520],[10036,9164,17789,17466,8341,8268,8603],[11957,11137,22406,21202,10155,9319,9681],[15127,13948,25665,25167,12930,11767,12364],[15570,13870,26591,25400,12695,11820,11605],[14532,12972,26295,24447,11353,10561,10850],[15901,13660,26323,24058,12575,11770,11673],[21216,19178,25091,24125,18741,18467,17448],[32129,33890,22854,21535,34876,35371,33102],[27366,32472,19848,18049,32943,33983,31811],[19428,23396,16498,14999,23663,23148,22635],[13875,16229,12412,11391,17701,16244,16352],[10939,11632,10495,8708,12981,11909,12393],[9768,7802,9462,6586,9676,8491,9126],[7651,4340,7922,4274,6476,4944,5209]] "index"数据 ["Friday","Monday","Saturday","Sunday","Thursday","Tuesday","Wednesday"]

图 4-9 动态条形图所需数据的样例

创建一个函数 task6 来完成动态条形图的数据处理。先按周不同天统计每小时的单车租赁次数。代码如下：

```
# 按周不同天统计每小时的单车租赁次数
task6 = df.pivot_table(index=['weekday', 'hour'], values='count',
aggfunc='sum')
```

取出所有星期名称，并放到列表数据 weekday_name 里，按英文名称排序；再将数据

task6 里的总租赁次数列转为 float 类型。代码如下：

```
# 所有星期名称
weekday_name = list(df['weekday'].unique())
# 按英文名称排序
weekday_name.sort()
# 将int类型转为float类型，因为JSON序列化时不能为int64类型
task6['count'] = task6['count'].astype('float64')
```

创建空列表 weekday_data，利用循环将按周不同天每小时的单车租赁次数的数据添加到列表中。例如，当 i 为 0 时，第一次循环，将一个星期每天的第一个小时的租赁次数数据合在一起，然后添加到列表中，一直循环到 i 为 24。代码如下：

```
# 保存星期数据
weekday_data = []
# 循环24次，每次保存一个星期每天所有的小时数据
for i in range(0, 24):
    weekday_data.append(
        [
            # 这里的每行代表一个星期中的一天
            # 具体是星期几，应根据weekday_name.sort()排序后的结果来确定
            task6['count'][i],
            task6['count'][i + 24],
            task6['count'][i + 24 * 2],
            task6['count'][i + 24 * 3],
            task6['count'][i + 24 * 4],
            task6['count'][i + 24 * 5],
            task6['count'][i + 24 * 6],
        ]
    )
```

最后返回动态条形图所需格式的数据，代码如下：

```
return {
        'index': weekday_name,
        'data': weekday_data
    }
```

4.2.7　任务 7 漏斗图所需数据

本任务利用漏斗图展示天气对单车租赁的影响。漏斗图所需数据的样例如图 4-10 所示，其中，列表里嵌套字典，字典里存放 "name:天气" "value:租赁次数"。

/data-api/task7	"data"数据 [{"name":"bad-day","value":164},{"name":"cloudy","value":507160},{"name":"rainly","value":102089},{"name":"sunny","value":1476063}]

图 4-10　漏斗图所需数据的样例

创建一个函数 task7 来完成漏斗图的数据处理。先按天气统计租赁次数，代码如下：

```
# 按天气统计租赁次数
task7 = df.groupby('weather')['count'].sum()
```

天气名称数据保存在列表 funenl_name 里，不同天气的租赁次数保存在列表 funnel_value 里。代码如下：

```
# 天气名称
funenl_name = list(task7.index)
# 不同天气的租赁次数数据
funnel_value = list(task7)
```

对上面获取的两个列表同时循环取出数据，组成漏斗图所需数据。代码如下：

```
# 漏斗图所需数据
funnel_data = [{'value': v, 'name': n} for v,n in zip(funnel_value,
funenl_name)]
```

最后返回漏斗图所需格式的数据，代码如下：

```
return {
  'data': funnel_data
    }
```

4.2.8　任务 8 树状图所需数据

本任务利用树状图展示单车租赁的概况。树状图所需数据的样例如图 4-11 所示，最外面的为父级，children 为下一级，children 中有 value、name。如果 children 还有下级，则 children 不仅有 value、name，还有 children。树状图的数据可以据此往下类推。

"0"数据
{"children":[{"children":[{"name":"1月","value":23552},{"name":"2月","value":32844},{"name":"3月","value":38735}],"name":"spring","value":95131},{"children":[{"name":"4月","value":50517},{"name":"5月","value":79713},{"name":"6月","value":89776}],"name":"summer","value":220006},{"children":[{"name":"7月","value":92848},{"name":"8月","value":83296},{"name":"9月","value":79104}],"name":"autumn","value":255248},{"children":[{"name":"10月","value":79522},{"name":"11月","value":70889},{"name":"12月","value":61183}],"name":"winter","value":211594}],"name":"2011年","value":781979}
"1"数据
{"children":[{"children":[{"name":"1月","value":56332},{"name":"2月","value":66269},{"name":"3月","value":94766}],"name":"spring","value":217367},{"children":[{"name":"4月","value":116885},{"name":"5月","value":120434},{"name":"6月","value":130957}],"name":"summer","value":368276},{"children":[{"name":"7月","value":121769},{"name":"8月","value":130220},{"name":"9月","value":133425}],"name":"autumn","value":385414},{"children":[{"name":"10月","value":127912},{"name":"11月","value":105551},{"name":"12月","value":98977}],"name":"winter","value":332440}],"name":"2012年","value":1303497}
/data-api/task8

图 4-11　树状图所需数据的样例

创建一个函数 task8 来完成树状图的数据处理。先统计每年和每个季节的租赁次数，代码如下：

```
# 统计每年的租赁次数
```

```
year_tot = df.groupby('year')['count'].sum()
# 统计每个季节的租赁次数
season_tot = df.pivot_table(index='month', columns=['year', 'season'],
                            values='count', aggfunc='sum', fill_value=0,
                            margins=True, margins_name='total')
```

利用嵌套循环得到树状图所需的数据，代码如下：

```
# 矩形树状图所需数据
data8 = []
# 循环每年
for year in df['year'].unique():
    # 每年的childred数据：每个季节的数据
    year_childred = []
    # 循环每个季节
    for season in df['season'].unique():
        # 取出当年当前季节的数据
        df_season1 = pd.DataFrame(season_tot.loc[:, year][season])
        # 筛选出不等于0的数据
        df_season1_no0 = df_season1[df_season1[season] != 0]
        # 索引
        index1 = list(df_season1_no0.index)
        # 数据
        value1 = list(df_season1_no0[season])
        # 季节的childred数据：每个月的数据
        season_childred = []
        # 循环一个季节里的每个月
        for n,v in zip(index1, value1):
            # 如果索引是total，则把季节的childred添加到每年的childred中
            if n == 'total':
                year_childred.append(
                    {
                        'name': season,
                        'value': v,
                        'children': season_childred
                    }
                )
                break    # 添加完返回，终止循环
            # 添加数据
            season_childred.append(
                {
                    'name': str(n)+'月',
                    'value': v
                }
            )
    # 最后在data8里添加一年的数据
    data8.append(
```

```
        {
            'name': str(year)+'年',
            'value': year_tot[year],
            'children': year_childred
        }
    )
```

最后返回树状图所需格式的数据，代码如下：

```
return data8
```

到这里，get_data_bike.py 文件的代码就全部完成了，接下来修改 app.py 文件以实现数据获取。

4.3 实现数据接口

引入 render_template、jsonify。代码如下：

```
from flask import Flask, render_template, jsonify
```

处理数据的 get_data_bike.py 文件、配置文件 settings.py 也需要引入，然后进行部分设置。代码如下：

```
from get_data_bike import *
from datetime import timedelta
# 实例化app
app = Flask(__name__)
# 引入配置文件
app.config.from_pyfile("settings.py")
# 配置缓存最大时间
app.send_file_max_age_default = timedelta(seconds=1)
# 配置session有效期
app.config['PERMANENT_SESSION_LIFETIME'] = timedelta(seconds=1)
```

此时数据接口页面文件 data_api.html 还没有建好。这里可以先定义一个路由规则：当当前地址是根路径时，就调用 data_api 函数，返回 data_api.html。代码如下：

```
# 全部任务数据接口 ------------------------------------------------------------
@app.route('/')
def data_api():
    tasks = ['task1', 'task2', 'task3', 'task4', 'task5', 'task6', 'task7',
'task8']
    return render_template('data_api.html', tasks=tasks)
```

然后针对每个任务定义路由规则，这里以任务 1 为例：当前端发出 GET 请求且请求地址是/data-api/task1 时，后端调用 get_data_bike.py 文件里定义的 task1 函数来返回相应的 JSON 数据到前端，代码如下：

```
# task1 左上 ------------------------------------------------------------
@app.route('/data-api/task1')
def t1():
```

```
    data = task1()
    return jsonify(data)
```

任务2到任务8可以仿照任务1添加相应的代码，这里不再列出。最后添加代码app.run()来监听指定的端口，对收到的 request 运行 app 生成 response 并返回。代码如下：

```
if __name__ == '__main__':
    app.run(threaded=True, port=5000)
```

到这里，app.py 文件的代码就基本完成了，接下来修改 data_api.html 文件以生成数据接口页面。

4.4　制作数据接口页面

数据接口页面文件 data_api.html 并不是必须建立的，但是在本项目中，因为数据量不是很大，所以不制作数据接口文档，而用数据接口页面。

思政元素导入：　　　　　　　　　　　　　　团队精神

通过建立数据接口页面文件，能够体会项目开发过程中的团队协作的必要性。前端开发人员完全不必了解后端开发人员的开发细节，只需了解数据接口页面文件的做法，能让所有开发人员深刻领会团队协作精神。

通过这种团队通力合作的做法，不仅能够加快整个团队的开发速度，提高团队成员运用自身知识解决实际问题的能力，还能使团队成员理解团队精神的意义。

最后形成的数据接口的部分页面如图 4-12 所示。

创建这个数据接口页面文件要引入文件 jquery.js，可在<head></head>之间引入，代码如下：

```
<head>
    <meta charset="UTF-8">
    <title>小紫共享单车运营管理平台数据接口</title>
    <script src="../static/js/jquery.js"></script>
    ......(这里省略显示其他代码)
</head>
```

在<body></body>之间，确定标题为"小紫共享单车运营管理平台数据接口说明"，然后做好 table 标签。代码如下：

```
<h2 align="center">小紫共享单车运营管理平台数据接口说明</h2>
<table border="1" cellpadding="0" cellspacing="0">
......(这里省略显示其他代码)
</table>
```

小紫共享单车运营管理平台数据接口说明

任务数据接口调用URL	任务数据参考内容
/data-api/task1	"data"数据 [[3197,6666,8627,6598],[2120,4063,5066,4123],[1413,2677,3583,2586],[745,1312,1783,1251],[337,749,922,824],[1133,2323,2933,2546],[4828,9460,11033,9377],[14061,26478,30100,26329],[28628,44482,46000,45950],[17452,27394,28581,27483],[11545,21971,24913,21238],[13854,27255,29284,25464],[17603,32607,35000,31758],[18328,33059,34704,31460],[17244,31003,32644,30119],[18136,32537,33625,31662],[21505,40944,42331,39486],[32314,61596,64454,55393],[29430,56947,61454,48641],[20100,42401,47139,34127],[14181,30469,35094,24460],[10864,22719,26906,18568],[8312,17578,20610,14411],[5168,11592,13876,10180]] "index"数据 ["spring","summer","autumn","winter"]
/data-api/task2	"task2_1"数据 [0,1,2,3,4,5,6,7,8,9,10,11,12,13,14,15,16,17,18,19,20,21,22,23] "task2_2"数据 ["1万内","2万内","3万内","3万上"] "task2_3"数据 [[0,"3万上",20396],[1,"2万内",12415],[2,"1万内",8100],[3,"1万内",3930],[4,"1万内",2274],[5,"1万内",8277],[6,"3万上",32810],[7,"3万上",92002],[8,"3万上",155258],[9,"3万上",86825],[10,"3万上",58683],[11,"3万上",68533],[12,"3万上",85581],[13,"3万上",83780],[14,"3万上",76085],[15,"3万上",81291],[16,"3万上",110028],[17,"3万上",179356],[18,"3万上",168475],[19,"3万上",121389],[20,"3万上",87454],[21,"3万上",66030],[22,"3万上",50604],[23,"3万上",33765]]
/data-api/task3	"data"数据 {"casual":[47402,46288,100782,90084,37283,35365,34931],"registered":[255102,249008,210736,195462,269118,256620,257295]} "index"数据 ["Friday","Monday","Saturday","Sunday","Thursday","Tuesday","Wednesday"]
	"task4_1"数据 [{"name":"registered","value":"1693341"},{"name":"casual","value":"392135"}] "task4_2"数据

图 4-12　最后形成的数据接口的部分页面

数据接口页面中的每个任务在表格中都占有一行：左边是任务名称，同时给任务名称设置一个超链接，链接到返回相应 JSON 数据的页面；右边是任务所需的数据样例。

任务表格标题行的代码如下：

```
<!-- 表头 -->
<tr style="text-align: center">
    <td>任务数据接口调用URL</td>
    <td class="t2">任务数据参考内容</td>
</tr>
```

然后用循环建立任务表格内容。循环{% for task in tasks %}的作用是对全部任务名称进行遍历，为每个任务建立起表格中的一行。代码如下：

```
<!-- 表体：循环每个任务 -->
{% for task in tasks %}
 <tr>
    <td style="text-align: center">
        <a href="/data-api/{{ task }}">/data-api/{{ task }}</a>
    </td>
```

```
<td style="word-break: break-all;" id="{{ task }}" class="t2">
</td>
</tr>
......（这里省略显示数据的JS脚本）
{% endfor %}
```

上面代码中还缺少一个打开数据接口后显示数据的 JS 脚本，代码如下：

```
<!-- AJAX请求数据 -->
<script>
    $.ajax({
        type: 'get',
        url: "/data-api/{{ task }}",
        dataType: "json",
        success: function (datas) {
            console.log(datas);
            str_pretty1 ="";
            for (var key in datas){
                str_pretty1 = str_pretty1 +JSON.stringify(key) + "数据" + "\n";
                str_pretty1 = str_pretty1 + JSON.stringify(datas[key], 2) ;
                str_pretty1 = str_pretty1 + "\n";
                document.getElementById('{{task}}').innerText = str_pretty1 ;
            }
        },
        error: function (err) {
            console.log(err);
            return err;
        }
    })
</script>
```

此时所有任务的表格已经建立完成，接下来设置相应的样式，样式代码放在<head>和</head>之间。代码如下：

```
<style>
    td{
        padding: 10px;
        width: 200px;
    }
    .t2{
        width: 1700px;
    }
    a:visited{
        color: blue;
    }
</style>
```

将所有任务的表格、样式、JS 脚本建好以后，数据接口页面就建立成功了。前端开发人员可以通过地址"http://127.0.0.1:5000/"来访问。

4.5 解决跨域问题

解决跨域问题的方法可以扫描右边二维码查看。

解决跨域问题

4.6 远程访问数据接口页面

远程访问数据接口页面的方法可以扫描右边二维码查看。

远程访问
数据接口
页面

【前端开发】

4.1 制作可视化大屏布局

本项目前端开发使用 PyCharm 完成。首先在 PyCharm 里面创建 Flask 项目，具体创建过程可以扫描右边二维码查看。

在项目目录中建立起布局所用的所有文件：在 templates 目录中新建一个 index.html 文件，此文件为可视化大屏的主页面；在 static 目录中新建一个名为 css 的目录，再在 css 目录中新建一个 main.css 文件，此文件为样式文件；在 static 目录中新建一个名为 images 的目录，将布局所需的两张图片放入此目录中；在 static 目录中新建一个名为 font 的目录，将布局所需的字体文件均放入此目录中；在 static 目录中新建一个名为 js 的目录，将 jquery.js 文件放入此目录中；在 static 目录中新建一个名为 echarts_js 的目录，将 time.js 文件放入此目录中。在项目的根目录里创建一个配置文件 settings.py，其内容和后端开发建立的 settings.py 文件一样。

准备好所有的目录和文件之后，在 PyCharm 里形成的目录结构如图 4-13 所示。

图 4-13 在 PyCharm 里形成的目录结构

本项目的布局分为上下两部分：上面为标题和一个时间显示；下面为左右各 3 个容器、中间两个容器，如图 4-14 所示。

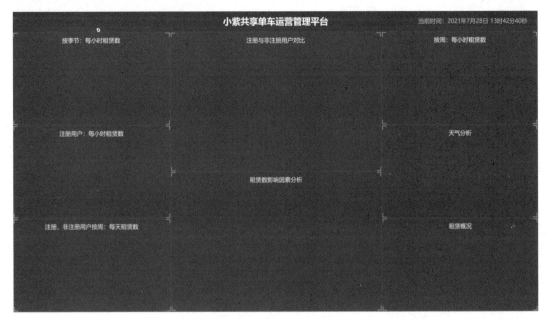

图 4-14 可视化大屏布局

本项目的大屏布局分为两部分：样式和结构，即 CSS 样式代码和 HTML 代码。这种做法能让 HTML 代码和 CSS 代码语义清晰，增强易读性和维护性。

接下来修改文件 index.html，完成 HTML 代码。

4.1.1 完成 HTML 代码

在 index.html 文件的头部需要引入相关的 CSS 文件。代码如下：

```
<head>
    <meta charset="UTF-8">
    <title>小紫共享单车运营管理平台</title>
    <link rel='stylesheet' type='text/css' href='../static/css/main.css'>
</head>
```

在布局的上面部分，要完成标题和时间显示，需要设置 h1 标签和放置 JS 插件的 div 标签，div 标签通常可以理解为一个装载其他元素的容器。代码如下：

```
<!--头部设计-->
<header class="flex-layout">
    <h1 class="h1_time">小紫共享单车运营管理平台</h1>
    <div class="showTime h1_time">当前时间：2021年6月17日 11时25分17秒</div>
    <!-- 引入显示时间的JS插件 -->
```

```
    <script type="text/javascript"
src="../static/echarts_js/time.js"></script>
  </header>
```

上面代码中引入了 time.js 文件以完成时间显示。可以扫描右边二维码查看 time.js 文件代码。

接下来建立页面左边的 3 个容器，代码如下：

```
<!--页面主体部分-->
<section class="mainbox flex-layout">
    <!--左边-->
    <div class="column">
        <div class="panel leftUp">
            <h2>按季节:每小时租赁数</h2>
            <div id="chart11" class="chart"></div>
            <div class="panel-footer"></div>
        </div>
        <div class="panel leftMid">
            <h2>注册用户:每小时租赁数</h2>
            <div class="chart"></div>
            <div class="panel-footer"></div>
        </div>
        <div class="panel leftDown">
            <h2>注册、非注册用户按周:每天租赁数</h2>
            <div class="chart"></div>
            <div class="panel-footer"></div>
        </div>
    </div>
    ......这里写中间两个容器的代码
    ......这里写右边3个容器的代码
</section>
```

布局下面部分中间和右边的容器可以仿照左边容器来建立。

因为前端需要绘制 ECharts 图形，所以要引入 echarts.js 文件；因为绘制三维散点图需要 echarts-gl.js 文件，所以要引入它；因为要使用 JS 代码，所以要引入 jquery.js 文件，这里一并全部引入，放在<body></body>之间。同时，在 js 目录里，还需要放入 echarts.js 文件及 echarts-gl.js 文件（jquery.js 文件在前面已经放入 js 目录中了）。代码如下：

```
<!-- 引入相关的JS文件 -->
<script src="{{ url_for('static', filename='js/echarts.js') }}"></script>
<script src="{{ url_for('static', filename='js/jquery.js') }}"></script>
<script src="{{ url_for('static', filename='js/echarts-gl.js') }}"></script>
```

此时，index.html 文件初步建立完成。但是在打开 index.html 文件时，是无法看到如图 4-14 所示的效果的，因为容器的样式还没有完成。接下来修改样式文件 main.css。

4.1.2　完成样式代码

先完成全局的样式设置，代码如下：

```
*{
        margin: 0;
        padding: 0;
 }
```

然后完成 body 和字体的样式设置，代码如下：

```
/*CSS 初始化*/
/* 声明字体*/
@font-face {
  font-family: electronicFont;
  src: url("../font/DS-DIGIT.TTF");
       }
/* body背景*/
body {
    display: flex;
    flex-direction: column;
    width: 100vw;
    height: 100vh;
    /* 背景颜色 */
    background-color: #2c343c;
    /* body设置多出的内容隐藏：在自适应窗口拖动时，会溢出一些东西 */
    overflow: hidden;
}
```

标签 header 和 section 都有一个名为 flex-layout 的 class 属性，因此下面的样式设置同时影响了标签 header 和 section。代码如下：

```
.flex-layout {
    display: flex;
    justify-content: center;
}
```

接下来完成整个布局下面部分样式的设置，代码如下：

```
.mainbox {
    flex: 9;
    padding: 0.1vh 0.1vh 0;
}
```

接下来完成布局上面部分的头部样式设置，包括整个页面头部、标题、showTime 容器等的样式。代码如下：

```
/* 头部背景图片和大小  */
header {
    background: url("../images/head_bg.png") no-repeat top center;
    background-size: 100% 100%;
}
```

```css
/* 标题和时间的高度，行高7vh，字体大小为3vh，颜色为白色*/
.h1_time {
    height: 7vh;
    font-size: 3vh;
    line-height: 7vh;
    color: #fff;
}
/* 时间定位到左边距离77vw，字体大小为2vh，灰色*/
.showTime {
    position: absolute;
    left: 77vw;
    font-size: 2vh;
    color: rgba(255, 255, 255, 0.7);
    overflow: hidden;
}
```

接下来完成布局下面部分的主体样式设置，代码如下：

```css
/* 主体 */
.column {
    width: 30%;
    display: flex;
    flex-direction: column;
}
.column:nth-child(2) {
    margin: 0.1vh .15vh;
    width: 40%;
}
.panel {
    position: relative;
    flex: 1;
    border: 1px solid rgba(25, 186, 139, 0.17);
    background: url("../images/line(1).png");
    padding: 0 0.15vh 0.5vh;
    margin-bottom: 0.15vh;
}
```

为了页面的美化，对每个图形所在外框的 4 个角进行修饰，形成 4 个半角框。相应代码可扫描右边二维码查看。

对 h2 标签、图形所在的容器设置样式，代码如下：

```css
.panel > h2 {
    height: 5vh;
    line-height: 5vh;
    text-align: center;
    color: #fff;
    font-size: 2vh;
    font-weight: 400;
```

```
}
.panel > .chart {
    /*height: 80%;*/
    height: 24.8vh;
}
.column2 .chart{
    /*height: 85%;*/
    height: 40vh;
}
```

至此，main.css 文件建立完成。如果此时做完 4.3 节的路由设置，那么在 PyCharm 里选择"运行"选项，可以看到如图 4-14 所示的布局已经成功显示。

4.2 图形展示

ECharts 知识点

动态条形图、三维散点图、折线面积图、单容器多饼图、热力图、漏斗图、树状图的配置和绘制。

完成了布局任务以后，接下来用 ECharts 大数据可视化技术绘图。

思政元素导入：　　　　　　　　　中国制造业、软件业的崛起

ECharts 由百度（中国）有限公司出品，目前在全世界得到了广泛的应用。它的出现是中国制造业强大的体现，也是中国软件业跃上世界舞台的体现，说明中国制造业、软件业经过飞速发展，取得了令人瞩目的成就。

图形展示的每个任务均用一个 JS 文件完成，然后将所有任务的 8 个 JS 文件均放入 static 目录的 echarts_js 目录中；再修改 index.html 文件，引入这 8 个 JS 文件，形成图形展示。这样做的好处是：当想更换某个任务的图形时，只需修改相应的 JS 文件即可，而不必修改整个代码。

每个任务均采用 jQuery 的 get()方法来获取后端数据。下面统一将获取后端数据的 IP 地址和端口设定为"127.0.0.1:5000"，以任务 1 为例说明获取数据的方法。

当前端发送一个 HTTP GET 请求到"http://127.0.0.1:5000/data-api/task1"地址后，就可以获取到后端数据并赋值给变量 data；然后前端就可以利用变量 data 来绘制图形了。代码如下：

```
$.get('http://127.0.0.1:5000/data-api/task1').done(function (data) {
        ......这里写利用变量data绘制图形的代码
        }
```

其他 7 个任务都可以仿照任务 1 来获取后端数据。需要特别注意的是，后端 Flask 服务必须是运行状态。

4.2.1 任务 1 "左" 动态条形图展示

任务所需 ECharts 知识点：动态条形图的绘制和配置。

小紫共享单车 CEO 认为季节是每年循环出现的地理景观相差比较大的几个时间段，想知道按季节划分的单车租赁次数的情况，以便针对不同季节做出对应的决策，因此，本任务是展示按季节统计的每小时单车租赁次数。经项目组讨论，认为动态条形图动态变化的每根柱子可以很清楚地反映租赁次数的变化情况，因此本任务用动态条形图来展示按季节统计的每小时单车租赁次数。

思政元素导入：
中国"互联网+"发展迅速

中国"互联网+"在党的领导下飞速发展，深刻改变了人们的生活方式，共享单车就是"互联网+"技术与生活结合的产物。

建立 leftup.js 文件完成动态条形图，并展现在大屏左边最上面的容器里。先将要绘制的图形和相应的容器绑定，代码如下：

```
var myChart = echarts.init(document.querySelector(".leftUp .chart"));
```

然后在 option 里完成各种图形配置，代码如下：

```
var option = {
    //这里写各种图形的配置代码
        };
```

动态条形图标题 title 的配置代码如下：

```
title: {
    text: '00:00',
    right: '1%',
    bottom: '0%',
    textStyle: {
        fontSize: 30,
        color: '#cecece' //标题字体颜色
    }
},
```

动态条形图提示 tooltip 采用默认配置，代码如下：

```
tooltip: {},
```

动态条形图网格 grid 的配置代码如下：

```
grid: {
    left: '2%',
    right: '8%',
    bottom: '8%',
    top: '0%',
    containLabel: true
},
```

动态条形图的 x 轴 xAxis 的配置：type 没有设置，默认为 value，表示为数值类型的轴。代码如下：

```
xAxis: {
    max: 'dataMax',
    axisLabel: {
        textStyle: {
            color: '#fcbad3',
            fontSize: 10,
        }
    },
    position: 'top',
    splitLine: {
        lineStyle: {
            color: '#848484'
        }
    },
},
```

动态条形图的 y 轴 yAxis 的配置：type 为 category，表示为类别型的轴；调用的后端数据为 data['index']。代码如下：

```
yAxis: {
    type: 'category',
    data: data['index'],
    inverse: true,   // 反转y轴
    axisLabel: {     // y轴标签颜色
        textStyle: {
            color: function (params, index) {
                var colorList = ['#6bc0fb', '#b0a0d4', '#fedd8b', '#92dcd7'];
                // 与柱子的颜色保持一致
                var i = data['index'].indexOf(params);
                return colorList[i]
            },
            fontSize: 12,
        },
    },
    axisLine: {
        lineStyle: {
            color: '#d7d7d7'   //y坐标轴轴线的颜色
```

```
        },
      },
      axisTick: {
        show: false
      },
      animationDuration: 300,
      animationDurationUpdate: 300,
      // y轴切换的时间
    },
```

动态条形图 series 配置项的配置：调用的后端数据为 data['data'][0]，这里的数据就是动态条形图柱子的数据；"type: 'bar'" 表示要绘制的图形是柱状图，动态条形图是柱状图的一种特殊表现形式。代码如下：

```
series: [{
        realtimeSort: true,        //根据值的大小动态降序排序
        type: 'bar',
        data: data['data'][0],     //默认初始数据
        label: {
          show: true,
          position: 'right',
          fontSize: 10,
          valueAnimation: true,    //标签值动态变化
          color: '#fff'
        },
        itemStyle: {               //柱子的颜色
          color: function (params) {
            var colorList = ['#6bc0fb', '#b0a0d4', '#fedd8b', '#92dcd7'];
            var i = data['index'].indexOf(params.name);
            //渐变颜色
            var col = new echarts.graphic.LinearGradient(0, 1, 1, 0, [{
              offset: 0,
              color: 'rgba(165, 159, 215, .7)',
            }, {
              offset: 1,
              color: colorList[i]   //根据每项数据的索引获取颜色
            }
            ]);
            return col
          },
          barBorderRadius: [0, 7, 7, 0],
        },
        barWidth: 18,
      }],
```

设置动态条形图里的动画切换效果和更新时间，代码如下：

```
animationEasingUpdate: 'quinticInOut', // 动画切换效果
```

```
animationDurationUpdate: 1000,  // 动画更新时间为3s
```

另外，绘制图形还需要调用 myCharts.setOption，代码如下：

```
myCharts.setOption(option)
```

添加 JS 事件，当页面大小改变时，触发图表自适应。代码如下：

```
window.addEventListener("resize", function () {
    myChart.resize();
});
```

设置动态条形图动态更新数据的函数 run，代码如下：

```
var i = 0;
function run() {
    // 设置下一个小时的数据
    option.series[0].data = data['data'][i];
    // 切换title的文本
    option.title.text = '0' + i + ':00';
    if (i > 9) {
        option.title.text = i + ':00';
    }
    i += 1;
    // 大于24小时，重新开始
    if (i > 23) {
        i = 0;
    }
    myChart.setOption(option);
}
```

利用 setTimeout 和 setInterval 函数每隔一段时间调用函数 run 以实现动态的条形图，代码如下：

```
// 调用run，开始切换数据，配合setInterval
// 因为setInterval间隔3s调用一次，所以刚开始需要等3s才执行
// setTimeout是立即执行
setTimeout(function () {
    run();
}, 0);
// 每3s调用1次run
setInterval(function () {
    run();
}, 3000);
```

另外，动态条形图要展现，还必须在 index.html 文件里增加代码，其他 7 个任务均可仿照此处增加代码，只需将 leftup.js 换成其他任务的 JS 文件名即可，代码如下：

```
<script>
    //左上
    document.write("<scr"+"ipt
src='../static/echarts_js/leftup.js'></scr"+"ipt>");
```

```
//其他7个任务可以仿照此句在这里依次增加代码
</script>
```

"左"动态条形图最后呈现的结果如图 4-15 所示。

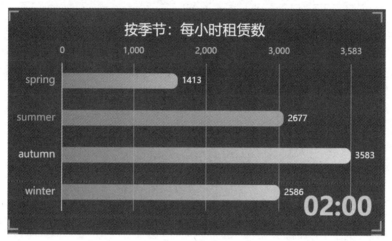

图 4-15 "左"动态条形图最后呈现的结果

动态条形图在页面中的显示结果如图 4-16 所示。每做好一个任务，页面就会多出现一个图形，全部任务都做好后，可视化大屏展示就全部完成了。

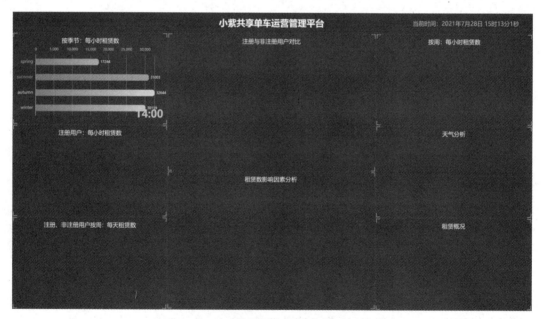

图 4-16 动态条形图在页面中的显示结果

4.2.2 任务 2 三维散点图展示

任务所需 ECharts 知识点：三维散点图的绘制和配置。

　　增加注册用户的数量对小紫共享单车企业极其重要。小紫共享单车 CEO 想知道注册用户的租赁情况以便能更好地为注册用户服务，因此本任务是展示注册用户每小时单车租赁次数。经项目组讨论，认为三维散点图立体的"散点"可以很清楚地反映注册用户租赁的情况，因此本任务利用三维散点图展示注册用户每小时单车租赁次数。

思政元素导入：　　　　　　　　　　　　守规矩、讲文明

　　共享单车作为一种城市绿色交通设施，方便了人们的出行。骑行者应遵守使用规则，文明规范停放，不闯红灯，不私自占有，不在禁骑区骑行。

　　建立 leftmid.js 文件完成三维散点图，并展现在大屏左边中间的容器里。先将要绘制的图形和相应的容器绑定，代码如下：

```
var myChart = echarts.init(document.querySelector(".leftMid .chart"));
```

　　然后在 option 里完成各种图形配置，代码如下：

```
var option = {
    //这里写各种图形的配置代码
};
```

　　三维散点图的 x 轴 xAxis3D 的配置：type 为 category，表示为类别型的轴；调用的后端数据为 data['task2_1']。代码如下：

```
xAxis3D: {
    axisLabel: {
        formatter: function(val) {
            return val;
        }, // 横轴信息文字竖向显示
        textStyle: {
            fontSize: 10,
            color: "#18b794"
        }
    },
    name: "x",
    type: 'category',
    data:data['task2_1'],
},
```

　　三维散点图的 y 轴 yAxis3D 的配置：type 为 category，表示为类别型的轴；调用的后端数据为 data['task2_2']。代码如下：

```
yAxis3D: {
    axisLabel: {
        formatter: function(val) {
            return val;
        }, // 横轴信息文字竖向显示
        textStyle: {
```

```
        fontSize: 10,
        color: "#18b794"
      }
    },
  name: "y",
  type: 'category',
  data:data['task2_2'],
},
```

三维散点图的 z 轴 zAxis3D 的配置：将 type 设置为 value，表示为数值类型的轴。代码如下：

```
zAxis3D: {
    name: "z",
    type: 'value',
     },
```

三维散点图 grid3D 的配置代码如下：

```
grid3D: {
      viewControl: {
      // 用于鼠标的旋转、缩放等视角控制
      beta:0
      },
      boxWidth: 200,          //图件宽
      boxHeight: 100,         //图件高
      boxDepth: 100,          //图件长
      height: '100%',         //容器高
      width: '100%',          //容器宽
      top:0,
      bottom:0,
      axisLine:{
         lineStyle:{
            color:'#18b794'  //坐标轴轴线颜色
         }
      },
      splitLine:{
         lineStyle:{
            color:'#18b794'  //分割线颜色
         }
      },
      },
```

三维散点图 series 配置项的配置："type: 'scatter3D'" 表示要绘制的图形是三维散点图，调用的后端数据为 data['task2_3']。代码如下：

```
series: [{
        type: 'scatter3D',       // 三维散点图
        data: data['task2_3'],
```

```
        symbolSize: 10,        // 点的大小
        itemStyle: {
            color: "#6c6be2"   // 点的颜色
        }
    }]
```

三维散点图也需要调用 myCharts.setOption、添加 JS 事件和在 index.html 文件里增加相应的代码，可以仿照任务 1 来完成。

三维散点图最后呈现的结果如图 4-17 所示。

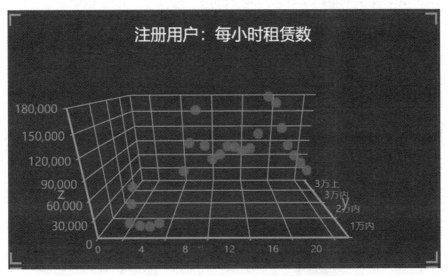

图 4-17　三维散点图最后呈现的结果

4.2.3　任务 3 折线面积图展示

任务所需 ECharts 知识点：折线面积图的绘制和配置。

小紫共享单车 CEO 想查看非注册用户和注册用户每天在单车租赁次数上的差异，以便能更好地策划增加用户注册量的方案，因此本任务是展示注册用户、非注册用户按周统计的每天单车租赁次数。经项目组讨论，认为折线面积图的"面积"可以很清楚地反映注册用户和非注册用户的情况，以及它们之间的对比情况，因此本任务用折线面积图展示注册用户、非注册用户按周统计的每天单车租赁次数。

思政元素导入：　　　　　　　　　　中国的移动支付技术

中国互联网行业的发展速度令世界震惊，涌现了一批互联网巨头企业，冲出亚洲走向世界，令中国技术走在世界前列，其中，移动支付技术最具有代表性，还被誉为中国新四大发明之一。

建立 leftdown.js 文件完成折线面积图，并展现在大屏左边最下面的容器里。先将要绘制的图形和相应的容器绑定，代码如下：

```
var myChart = echarts.init(document.querySelector(".leftDown .chart"));
```

然后在 option 里完成各种图形配置，代码如下：

```
var option = {
    //这里写各种图形的配置代码
    };
```

折线面积图提示 tooltip 的配置代码如下：

```
tooltip: {
        trigger: 'axis',
        axisPointer: {
            // 渐变颜色
            lineStyle: {
              color: {
                    type: 'linear',
                    x: 0,
                    y: 0,
                    x2: 0,
                    y2: 1,
                    colorStops: [{
                        offset: 0,
                        color: 'rgba(0, 255, 233,0)'
                    }, {
                        offset: 0.5,
                        color: 'rgba(255, 255, 255,1)',
                    }, {
                        offset: 1,
                        color: 'rgba(0, 255, 233,0)'
                    }],
                    global: false
                }
            },
        },
    },
```

折线面积图图例 legend 的配置代码如下：

```
legend: {
        left: '20%',
        top: '-2%',
        textStyle: {
            color: '#e6e6e6',
            fontSize: 11,
        }
    },
```

折线面积图网格 grid 的配置代码如下：

```
grid: {
        top: '12%',
        left: '5%',
        right: '6%',
        bottom: '3%',
        containLabel: true
},
```

折线面积图的 x 轴 xAxis 的配置：type 为 category，表示为类别型的轴；调用的后端数据为 data.index。代码如下：

```
xAxis: [{
        type: 'category',
        axisLine: {
            show: true
        },
        splitArea: {,
            color: '#f00',
            lineStyle: {
                color: '#f00'
            },
        },
        axisLabel: {
            color: '#fff',
            interval: 0,
            textStyle: {
                fontSize: 10
            },
        },
        axisLine: {
            show: false
        },
        splitLine: {
            show: false
        },
        axisTick: {
            show: false
        },
        boundaryGap: false,
        data: data.index,
    }],
```

折线面积图的 y 轴 yAxis 的配置：将 type 设置为 value，表示为数值类型的轴。代码如下：

```
yAxis: [{
    type: 'value',
    splitLine: {
```

```
        show: true,
        lineStyle: {
            color: 'rgba(255,255,255,0.1)'
        }
    },
    axisLine: {
        show: false,
    },
    axisLabel: {
        show: false,
        margin: 20,
        textStyle: {
            color: '#d1e6eb',
        },
    },
    axisTick: {
        show: false,
    },
}],
```

折线面积图 series 配置项的配置：这里有两条折线的配置，分别对应着注册用户和未注册用户。代码如下：

```
series: [
    ......这里是两条折线构建折线面积图的代码
]
```

注册用户折线的配置：调用的后端数据为 data['data']['registered']；"type: 'line'" 表示要绘制的图形是折线图，折线面积图是一种特殊的折线图。代码如下：

```
{
        name: 'Registered',
        type: 'line',
        smooth: true, //是否平滑
        showAllSymbol: true,
        symbol: 'circle',
        symbolSize: 15,
        lineStyle: {
            normal: {
                color: "#00b3f4",
                shadowColor: 'rgba(0, 0, 0, .3)',
                shadowBlur: 0,
                shadowOffsetY: 5,
                shadowOffsetX: 5,
            },
        },
        label: {
            show: true,
```

```
                position: 'top',
                textStyle: {
                    color: '#00b3f4',
                }
            },
            itemStyle: {
                color: "#00b3f4",
                borderColor: "#fff",
                borderWidth: 3,
                shadowColor: 'rgba(0, 0, 0, .3)',
                shadowBlur: 0,
                shadowOffsetY: 2,
                shadowOffsetX: 2,
            },
            // 面积渐变
            areaStyle: {
                normal: {
                    color: new echarts.graphic.LinearGradient(0, 0, 0, 1, [{
                        offset: 0,
                        color: 'rgba(0,179,244,0.3)'
                    },
                        {
                            offset: 1,
                            color: 'rgba(0,179,244,0)'
                        }
                    ], false),
                    shadowColor: 'rgba(0,179,244, 0.9)',
                    shadowBlur: 20
                }
            },
            data: data['data']['registered'],
            emphasis: {
                focus: 'series'
            }
        },
```

未注册用户折线的配置：调用的后端数据为 data['data']['casual']；"type: 'line'" 表示要绘制的图形是折线图，折线面积图是一种特殊的折线图。代码可以扫描右边二维码查看。

折线面积图也需要调用 myCharts.setOption、添加 JS 事件和在 index.html 文件里增加相应的代码，可以仿照任务 1 来完成。

折线面积图最后呈现的结果如图 4-18 所示。

任务 3 折线
面积图展
示：折线面
积图未注册
用户的折线

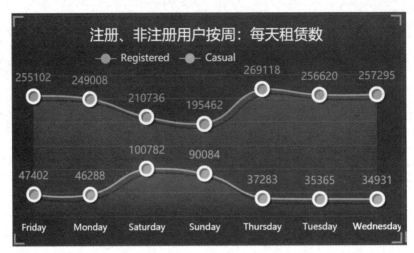

图 4-18　折线面积图最后呈现的结果

4.2.4　任务 4 单容器多饼图展示

任务所需 ECharts 知识点：单容器多饼图的绘制和配置。

小紫共享单车 CEO 想了解各类型用户在不同时间段的租赁需求对比，以便能做出有针对性的决策，因此本任务是展示注册用户、非注册用户工作日、假期等时间段租赁情况的对比。经项目组讨论，认为单容器多饼图的"多饼图"可以很清楚地反映注册用户、非注册用户的对比情况，因此本任务用单容器多饼图展示注册用户、非注册用户工作日、假期等时间段租赁情况的对比。

思政元素导入：　　　　　　　　　　　遵纪守法

共享单车需要扫码开锁才能正常使用，但是有些人不愿意支付租赁费用而采用暴力开锁等非法手段，这是违法行为。遵纪守法是我们应尽的义务。

建立 midup.js 文件完成单容器多饼图，并展现在大屏中间上面的容器里。先将要绘制的图形和相应的容器绑定，代码如下：

```
var myChart = echarts.init(document.querySelector(".midUp .chart"));
```

先定义一个颜色变量 colorList，代码如下：

```
var colorList = ['#cd4692', '#9658c3', '#6c6be2', '#01aebf', '#18b794'];
```

然后在 option 里完成各种图形配置，代码如下：

```
var option = {
    //这里写各种图形的配置代码
    };
```

单容器多饼图标题 title 的配置：包含 3 个饼图的 3 个副标题。代码如下：

```
title: [
    {   // 副标题1：左侧饼图
        subtext: '注册与未注册用户的占比',
        left: '16.67%',
        top: '84.5%',
        bottom: '1%',
        textAlign: 'center',
        subtextStyle: {
            color: colorList[2],
            fontSize: 12,
        },
    },
    {   // 副标题2：中间饼图
        subtext: '工作日-注册与未注册用户的占比',
        left: '50%',
        top: '84.5%',
        bottom: '1%',
        textAlign: 'center',
        subtextStyle: {
            color: colorList[0],
            fontSize: 12,
            lineHeight: 20,
        }
    },
    {   // 副标题3：右侧饼图
        subtext: '假期-注册与未注册用户的占比',
        left: '83.33%',
        top: '84.5%',
        bottom: '1%',
        textAlign: 'center',
        subtextStyle: {
            color: colorList[3],
            fontSize: 12,
            lineHeight: 20,
        }
    }
],
```

单容器多饼图提示 tooltip 的配置代码如下：

```
tooltip: {
    formatter: function (params) {
        f = params.marker + params.name +
            '<br> <b>'+ params.value +'</b>' +
            '<br> <b>'+ params.percent +'</b>' + '%';
        return f
```

```
        }
    },
```

单容器多饼图网格 grid 的配置代码如下：

```
grid: {
        containLabel: true
    },
```

单容器多饼图 series 的配置：一共有 3 个饼图。代码如下：

```
series: [
    ......中间放3个饼图
    ]
```

第一个饼图的配置如下："type: 'pie'"表示要绘制的图形是饼图，调用的后端数据为 data['task4_1']。代码如下：

```
{
    type: 'pie',
    radius: '50%',  // 饼图的大小
    center: ['20%', '42%'],  // 饼图的位置 [宽度,高度]
    data: data['task4_1'],
    label: {
        position: 'outer',
        color: colorList[2],
        distanceToLabelLine: 50,
        // 格式化输出label
        formatter: function (params) {
            var str = '' + params.name + ' : ' + params.percent + '%\n\n';
            if (params.dataIndex == 0) {
                str = '\n\n\n' + params.name + ' : ' + params.percent + '%'
            }
            return str
        },
        fontSize: 12,
    },
    // 标签线指示线
    labelLine: {
        normal: {
            length: 10,
            length2: 3,
        }
    },
    // 每个饼图的位置
    left: 0,
    right: '66.6667%',
    top: 0,
    bottom: 0,
    itemStyle: {
```

```
        normal: {
            borderColor: '#2c343c',
            borderWidth: 5,
            color: function (params) {
                return colorList[params.dataIndex + 2]
            }
        }
    },
},
```

第二个饼图的配置如下："type: 'pie'"表示要绘制的图形是饼图，调用的后端数据为 data['task4_2']。代码可以扫描右边二维码查看。

第三个饼图的配置如下："type: 'pie'"表示要绘制的图形是饼图，调用的后端数据为 data['task4_3']。代码可以扫描右边二维码查看。

单容器多饼图也需要调用 myCharts.setOption、添加 JS 事件和在 index.html 文件里增加相应的代码，可以仿照任务 1 来完成。

单容器多饼图最后呈现的结果如图 4-19 所示。

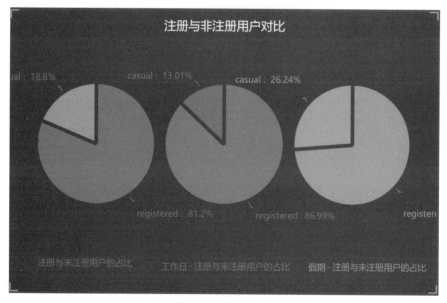

图 4-19　单容器多饼图最后呈现的结果

4.2.5　任务 5 热力图展示

任务所需 ECharts 知识点：热力图的绘制和配置。

小紫共享单车 CEO 想知道实际温度、体感温度、相对湿度、风速这 4 个指标对单车租赁的影响有多大，因此本任务是展示租赁次数影响因素分析情况。经项目组讨论，认为热力图的"热力值"可以很清楚地反映每个影响因素对租赁次数的影响程度，因此本任务用热力图展示租赁次数影响因素分析情况。

思政元素导入：　　　　　　　　谨慎细致、求知创新的职业精神

ECharts 热力图需要计算相关系数矩阵，虽然有函数可以直接求出，但是要想更进一步理解相关系数矩阵如何算出，需要查阅大量资料，这需要将谨慎细致、求知创新的职业精神融入学习过程中。

建立 middown.js 文件完成热力图，并展现在大屏中间下面的容器里。先将要绘制的图形和相应的容器绑定，代码如下：

```
var myChart = echarts.init(document.querySelector(".midDown .chart"));
```

热力图的每个数据都需要对应一个坐标，后端只处理好热力图的数据，而坐标则由前端构建。这样做的好处是前端可以根据图形展示需要设置热力图每个数据的坐标。

从后端获取到数据 data['data']后，利用循环给每个数据添加一个坐标，代码如下：

```
var heat_data = (function () {
    var heat_data = []; // 保存热力图需要的数据
    var nArray_value = data['data'];
    // 多维数组循环，热力图数据需要坐标+值，即[x,y,值]
    for (var x = 0; x < nArray_value.length; x++) {
        for (var y = 0; y < nArray_value[x].length; y++) {
            // 添加到列表中
            heat_data.push(
                // 添加 [x行,y列,值]
                [x, y, nArray_value[x][y]]
            )
        }
    }
    return heat_data
})();
```

然后在 option 里完成各种图形配置，代码如下：

```
var option = {
    //这里写各种图形的配置代码
    };
```

热力图提示 tooltip 的配置代码如下：

```
tooltip: {
    position: 'top'
},
```

热力图网格 grid 的配置代码如下：

```
grid: {
```

```
        height: '78%',
        top: '7%',
        left: '3%',
        right: '6%',
        containLabel: true,
    },
```

热力图的 x 轴 xAxis 的配置：type 为 category，表示为类别型的轴；调用的后端数据为 data['index']。代码如下：

```
xAxis: {
        type: 'category',
        data: data['index'],
        splitArea: {
            show: true
        },
        axisLabel: {
            textStyle: {
                color: '#e6e6e6'
            }
        },
        axisTick: {
            show: false
        },
        axisLine: {
            show: false
        }
    },
```

热力图的 y 轴 yAxis 的配置：type 为 category，表示为类别型的轴；调用的后端数据也是 data['index']。代码如下：

```
yAxis: {
        type: 'category',
        data: data['index'],
        splitArea: {
            show: true
        },
        axisLabel: {
            textStyle: {
                color: '#e6e6e6'
            }
        },
        axisTick: {
            show: false
        }
    },
```

热力图视觉映射组件 visualMap 属性的配置代码如下：

```
visualMap: {
    min: -1,
    max: 1,
    calculable: true,
    orient: 'horizontal',
    left: 'center',
    bottom: '0%',
    textStyle: {
        color: '#fff'
    }
},
```

热力图 series 配置项的配置：调用的数据为前面处理好的数据 heat_data，"type: 'heatmap'"表示要绘制的图形是热力图。代码如下：

```
series: [{
    type: 'heatmap',
    data: heat_data,
    label: {
        show: true
    },
    emphasis: {
        itemStyle: {
            shadowBlur: 10,
            shadowColor: 'rgba(0, 0, 0, 0.5)'
        }
    },
}]
```

热力图也需要调用 myCharts.setOption、添加 JS 事件和在 index.html 文件里增加相应的代码，可以仿照任务 1 来完成。

热力图最后呈现的结果如图 4-20 所示。

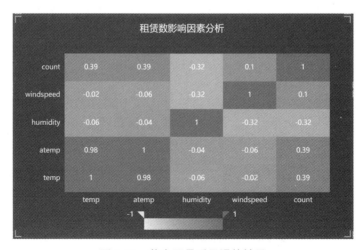

图 4-20　热力图最后呈现的结果

4.2.6　任务 6 "右" 动态条形图展示

`任务所需 ECharts 知识点：` 动态条形图的绘制和配置。

小紫共享单车 CEO 认为每周相同的一天对于用户而言大体上都是有规律的，想知道按一周内的不同天划分的单车租赁次数的情况，以便针对每周不同天做出对应的决策，因此，本任务是展示按周不同天统计的每小时单车租赁次数。经项目组讨论，认为动态条形图动态变化的每根柱子可以很清楚地反映租赁次数的变化情况，因此本任务用动态条形图展示按周不同天统计的每小时单车租赁次数。

`思政元素导入：` 　　　　　　　　　　　　讲卫生

有些骑行者在骑共享单车时，将垃圾随意地放在单车前面的车篮里，骑行完毕也不注意拿走和清理，这是一种有失公德、不讲卫生的行为。

建立 rightup.js 文件完成动态条形图，并展现在大屏右边最上面的容器里。本任务的动态条形图代码可以扫描右边二维码查看。

任务 6
动态条形
图代码

"右"动态条形图最后呈现的结果如图 4-21 所示。

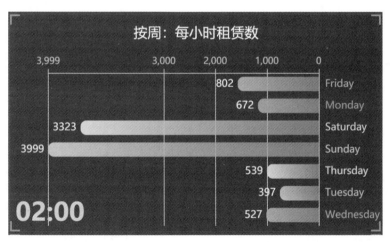

图 4-21　"右"动态条形图最后呈现的结果

4.2.7　任务 7 漏斗图展示

`任务所需 ECharts 知识点：` 漏斗图的绘制和配置。

不同的天气直接影响了用户租赁单车的意愿，小紫共享单车 CEO 想知道不同天气下单车的租赁情况，以便能在不同天气情况下针对性地使用不同的单车投放策略，因此，本任务是展示天气对单车租赁次数的影响。经项目组讨论，认为漏斗图的"漏斗"可以很清楚地反映不同天气对单车租赁次数的影响，因此本任务用漏斗图展示天气对单车租赁次数的影响。

养成良好的行为习惯

共享单车如果乱停乱放，则会妨碍其他人出行，骑行时如果不遵守交通规则，则有可能导致交通事故，如果私自加锁，则会导致别人无法顺利骑行。骑行者要养成良好的行为习惯，做一个有责任、有担当的好公民。

建立 rightmid.js 文件完成漏斗图，并展现在大屏右边中间的容器里。先将要绘制的图形和相应的容器绑定，代码如下：

```
var myChart = echarts.init(document.querySelector(".rightMid .chart"));
```

然后在 option 里完成各种图形配置，代码如下：

```
var option = {
    //这里写各种图形的配置代码
        };
```

漏斗图的每一层颜色的配置代码如下：

```
color: ['#9658c3', '#6c6be2', '#01aebf', '#18b794'],
```

漏斗图提示 tooltip 采用默认配置，代码如下：

```
tooltip: {},
```

漏斗图网格 grid 的配置代码如下：

```
grid: {
    containLabel: true,
    },
```

漏斗图图例 legend 的配置代码如下：

```
legend: {
        // 图例垂直放在右下角
        orient: 'vertical',
        right: '2%',
        bottom: '2%',
        textStyle: {
            color: '#d7d7d7'
        }
    },
```

漏斗图 series 配置项的配置：调用的后端数据为 data['data']，"type:'funnel'" 表示要绘制的图形是漏斗图。代码如下：

```
series: [{
        type: 'funnel',
        right: '5%',
        top: 10,
        bottom: 0,
        width: '80%',
        minSize: '1%',  // 最小部分的大小
        maxSize: '100%',
        sort: 'descending',
        gap: 2,
        data: data['data'].sort(function (a, b) {
          return a.value - b.value
        }),
        // 标签格式化输出设置
        label: {
          normal: {
            formatter: function (params) {
              // console.log(params);
              return params.name + ' : ' + params.value +
                  '  \n' + params.percent + '%';
            },
            position: 'left',
            textBorderColor: 'transparent',
            fontSize: 13,
            lineHeight: 17,
          }
        },
        // 边框和阴影颜色
        itemStyle: {
          normal: {
            borderWidth: 0,
            shadowBlur: 30,
            shadowOffsetX: 0,
            shadowOffsetY: 10,
            shadowColor: 'rgba(0, 0, 0, 0.2)'
          }
        }
      }]
```

　　漏斗图也需要调用 myCharts.setOption、添加 JS 事件和在 index.html 文件里增加相应的代码，可以仿照任务 1 来完成。

　　漏斗图最后呈现的结果如图 4-22 所示。

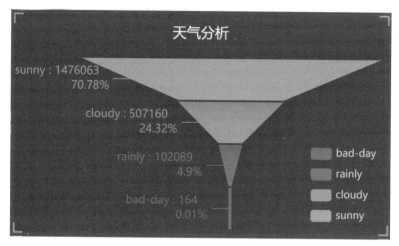

图 4-22　漏斗图最后呈现的结果

4.2.8　任务 8 树状图展示

任务所需 ECharts 知识点：树状图的绘制和配置。

因为要掌握单车运营的整体情况，小紫共享单车 CEO 想了解单车运营以来所有的租赁情况，以便做出全面运营规划，因此，本任务是展示单车租赁的概况。经项目组讨论，认为树状图可以很清楚地反映单车按年、季节、月等统计的租赁次数，因此本任务用树状图展示单车租赁的概况。

思政元素导入：　　　　　　　　严谨、求实的职业素养

ECharts 树状图有很多层，需要耐心细致地构建。在本项目中，完成树状图的绘制在无形中锻炼和培养了程序员必备的严谨、求实的职业素养。

建立 rightdown.js 文件完成树状图，并展现在大屏右边最下面的容器里。先将要绘制的图形和相应的容器绑定，代码如下：

```
var myChart = echarts.init(document.querySelector(".rightDown .chart"));
```

然后在 option 里完成各种图形配置，代码如下：

```
var option = {
    //这里写各种图形的配置代码
        };
```

树状图提示 tooltip 采用默认配置，代码如下：

```
tooltip: {},
```

树状图 series 配置项的配置：调用的后端数据为 data，"type: 'treemap'"表示要绘制的图形是树状图。代码如下：

```
series: [{
    name: 'total',
    type: 'treemap',
    data: data,
    leafDepth: 2,    // 树状图层级
    upperLabel: {
        show: true,
        height: 30,
        color: '#fff'
    },
    // 边框大小、间隔、颜色等
    levels: [
        {
            itemStyle: {
                borderColor: '#555',
                borderWidth: 4,
                gapWidth: 4
            }
        },
        {
            colorSaturation: [0.3, 0.6],
            itemStyle: {
                borderColorSaturation: 0.7,
                gapWidth: 2,
                borderWidth: 2
            }
        },
        {
            colorSaturation: [0.3, 0.5],
            itemStyle: {
                borderColorSaturation: 0.6,
                gapWidth: 1
            }
        }
    ]
}]
```

树状图也需要调用 myCharts.setOption、添加 JS 事件和在 index.html 文件里增加相应的代码，可以仿照任务 1 来完成。

树状图最后呈现的结果如图 4-23 所示。

图 4-23　树状图最后呈现的结果

　　在 Flask 框架里，构建完图形后，打开 index.html 文件还无法看到图形，必须修改 app.py 文件，注册路由。

4.3　设置路由

　　在 app.py 文件里要引入 render_template、timedelta。代码如下：

```
from flask import Flask, render_template
from datetime import timedelta
```

　　引入配置文件 settings.py。代码如下：

```
# 实例化app
app = Flask(__name__)
# 引入配置文件
app.config.from_pyfile("settings.py")
# 配置缓存最大时间
app.send_file_max_age_default = timedelta(seconds=1)
# 配置session有效期
app.config['PERMANENT_SESSION_LIFETIME'] = timedelta(seconds=1)
```

　　注意：如果前后端均用同样的 IP 地址，如都设置为 127.0.0.1，那么端口一定要不一样，这样就不会冲突。本项目中后端端口设置为 5000、前端端口设置为 7070。

　　然后针对可视化大屏页面定义路由规则。代码如下：

```
# 注册路由
# TODO 可视化大屏首页 --------------------------------------------------------------
@app.route('/')
def index():
    # 渲染模板
    return render_template("index.html")
```

```
if __name__ == '__main__':
    app.run(threaded=True, port=7070)
```

 【项目总结】

1. 完成可视化大屏

完成前端开发以后，在 PyCharm 中选择"运行"菜单，在下列菜单中选择"运行"选项即可运行前端项目。在浏览器中输入"http://127.0.0.1:7070/"就可以看到可视化大屏页面。可以使用诸如 Tomcat 这样的 Web 应用服务器将前端发布到云服务器上，这样也就可以通过 IP 或域名访问可视化大屏了。

本项目最后实现的可视化大屏效果如图 4-24 所示。注意：要保持后端 Flask 服务运行并能从后端获取数据。

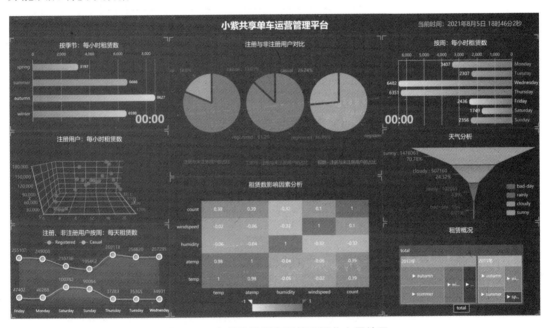

图 4-24　本项目最后实现的可视化大屏效果

2. 项目重/难点

本项目的重点为掌握 ECharts 动态条形图、三维散点图、折线面积图、单容器多饼图、热力图、漏斗图、树状图的配置和绘制；后端数据展示在前端页面的方法。其中的难点在于如何在后端处理好相应图形的数据并提供给前端使用、三维散点图的配置和绘制、动态条形图的配置和绘制。

本项目作为一个完整的 ECharts 大数据可视化技术开发的项目，从可视化布局、前端开发和后端开发 3 个阶段向读者展示了如何利用可视化技术完成项目的基本做法。

需要注意的是，项目里的做法并非都是最优的。例如，本项目更多地是从租赁次数着手分析的，对展现单车运营情况的深度和广度都比较欠缺；在图形展示方面也还不够丰富，这些都可以继续优化；前端用 PyCharm 直接写 HTML 代码等来实现，也可以优化为用 Vue 等主流框架来开发。限于本书重点在 ECharts 知识技能点等的考虑，本项目没有采用这些做法，读者可以自行优化以便更好地提升项目开发能力。

【对接岗位】

本项目对应的就业岗位是大数据可视化开发工程师，做完本项目，可以掌握该岗位所要求的部分可视化技能知识，如表 4-3 所示。

表 4-3　大数据可视化开发工程师岗位要求

岗　　位	主要业务工作	所需技能	已掌握岗位技能
大数据可视化开发工程师	数据可视化开发、撰写可视化分析报告	数据可视化开发	ECharts 部分图形的配置和绘制、大屏布局、后端开发

华信SPOC官方公众号

欢迎广大院校师生 **免费**注册应用

www. hxspoc. cn

华信SPOC在线学习平台

专注教学

教学课件
师生实时同步

数百门精品课
数万种教学资源

多种在线工具
轻松翻转课堂

电脑端和手机端（微信）使用

测试、讨论、
投票、弹幕……
互动手段多样

一键引用，快捷开课
自主上传，个性建课

教学数据全记录
专业分析，便捷导出

登录 www.hxspoc.cn 检索 华信SPOC 使用教程 获取更多

华信SPOC宣传片

教学服务QQ群： 1042940196
教学服务电话：010-88254578/010-88254481
教学服务邮箱：hxspoc@phei.com.cn

電子工業出版社.
PUBLISHING HOUSE OF ELECTRONICS INDUSTRY
华信教育研究所